중대재해처벌법
쉽게 이해하기

안전보건관리체계 구축을 위한 직무교재

중대재해처벌법 쉽게 이해하기

김형근 지음

좋은땅

―――― Prologue ――――

이 책은 중대재해처벌 등에 관한 법률(이하, '중대재해처벌법')을 이해하고 사업장에서 안전보건관리체계를 구축하는 데 있어 참고가 되는 도서이다.

저자는 고용노동부 산업안전 근로감독관으로 대산석유화학단지 관할 지역에서 대규모 건설 현장 및 제조업에서 발생하였던 사고 사례를 경험하였고, 중대재해처벌법 시행 이후(2022. 1. 27.)부터 대전, 충남북, 세종 지역의 다양한 산재사고 경험을 통해 근로자의 안전사고 예방을 위한 효과적인 대책과 관리감독자 중심의 안전·보건 관리가 현장에 안착하는 방안에 대해 고민해 왔다.

중대재해처벌법 시행 이후 사업장에는 안전·보건 업무가 어려워 자주 담당자들이 변경되는 것을 보았고 새로운 업무 담당자들은 제도를 쉽게 이해하는 데 다소 시간이 소요되어 현장에서 안전보건 관리체계구축 업무를 수행하는 데 어려움이 있었다. 이에 관리감독자 중심으로 현장에서 안전·보건 업무를 수행하는 데 참고가 되도록 이 책을 출간하게 되었다.

본 도서는 중대재해처벌법 법령에 나와 있는 내용과 저자가 현장에서 겪었던 사고의 경험적인 사항 및 최근 중대재해처벌법 판례들을 묶어서 쉽게 재정리하여 독자들에게 전달하도록 노력하였고, 공공기관, 자치단체 등 관리감독자들이 유선상 질의를 통해 궁금했던 의견들을 반영하여

목차에 포함하였다.

 이 책을 엮으면서 현장의 모습을 더욱 생생하게 전달하는 데 한계가 있고 풍부하게 내용을 서술하는 데 부족함이 있으나 학업과 학문연구를 통해 사회적 가치 창출에 기여하고자 한다.

 본 도서 내용 구성은 제1편에서는 중대산업재해 예방 및 안전관리로서 중대재해처벌법 실무담당 체크 포인트 소개와 주요 재해 유형별 산업안전보건법 위반 특정 및 일반적인 예방대책을 소개한다.

 제2편에서는 중대재해처벌법 해설로 용어의 정의 및 주요 판례(법원 1심 판결)와 중대재해처벌법 주요 내용들을 행정해석들을 인용하여 재정리하였고 판례를 내용에 맞게 소개하였다. 마지막으로 제3편에서는 관리감독자가 꼭 알아야 할 안전보건관리체계 구축으로 「안전보건관리체계 구축」의 핵심요소 및 지방자치단체 등에서 수행하는 벌목, 청소, 도로·상하수도, 보안등·가로등, 광고물 작업 시 안전조치 방법을 소개하였다.

 본 도서를 통해 사업장에서 안전보건관리체계를 구축하는 데 조금이라도 참고가 되었으면 한다. 아울러 이 책을 출간하기까지 많은 도움을 주신 출판사 관계자 및 여러분들에게 감사드립니다.

2025. 4.

저자 김형근 올림

차례

Prologue 004

제1편
중대산업재해 예방 및 안전관리

제1장 중대재해처벌법 실무담당 체크 포인트 010
1. 관리감독자 중심의 안전보건관리체계 구축 010
2. 안전보건관리책임자 등에 업무 권한 부여 022
3. 경영책임자의 반기 1회 이상 점검 및 사후 조치 026
4. 사업장 특성 및 유해·위험요인 파악 030
5. 소규모 사업장에 필요한 핵심 요소 035
6. 도급인의 산업재해 예방조치 040
7. 중대재해처벌법 위반 판례분석 047
8. 산업안전보건법과 중대재해처벌법 비교 053

제2장 주요 재해 유형별 산업안전보건법 위반 특정 및 예방대책 059
1. 건설기계 등 작업 059
2. 차량계 하역운반기계 작업 065
3. 양중기 작업 067
4. 기계·정비 수리 작업 069
5. 전기 작업 071
6. 비정형 작업 및 혼재 작업 073

제2편
중대재해처벌법 해설

제3장 용어의 정의 및 주요 판례 — 078
1. 중대산업재해처벌법에서 사업주, 종사자, 경영책임자 의미 — 078
2. 중대재해 및 중대산업재해 정의 — 082
3. 안전보건협의체, 노사협의체, 산업안전보건위원회 — 084
4. 산업안전보건법상 도급인과 수급인의 안전·보건 조치의무 — 088
5. 직업성 질병자 의미 — 092
6. 중대재해처벌법과 산업안전보건법에서 인과관계 및 고의성 — 096
7. 근로감독관 집무 규정 — 098
8. 건설공사 발주자 정의 — 101

제4장 중대재해처벌법 주요 내용 — 103
1. 안전·보건에 관한 목표와 경영방침 설정 — 103
2. 안전·보건 업무를 총괄·관리하는 전담 조직 구성 — 106
3. 사업장의 특성에 따른 유해·위험요인을 '확인'하여 '개선'하는 업무절차 — 108
4. 재해 예방을 위해 필요한 안전·보건 예산편성 및 용도에 맞는 집행 — 111
5. 안전보건관리책임자 등에게 해당 업무수행에 필요한 권한과 예산, 평가기준 마련 — 115
6. 종사자의 의견을 듣는 절차 마련 — 120
7. 중대재해 발생 및 급박한 위험대비 매뉴얼 — 123
8. 도급·용역·위탁시 안전보건 확보의무 — 125
9. 안전보건 관계 법령에 따른 의무이행의 관리상의 조치 — 132

제3편
안전보건관리체계 구축

제5장 「안전보건관리체계 구축」의 핵심요소   138
- 1. 사업장 유해·위험요인 발굴   138
- 2. 안전·보건 조직 구성   142
- 3. 사업장 규모·특성에 따라 차별성 있는 체계구축   145
- 4. 경영책임자의 안전·보건 의무이행 구조   147
- 5. 위험성평가 실시 주체 및 평가 방법   150
- 6. 외부기관, 안전·보건 진단을 통한 위험요인 파악   153
- 7. 기업의 안전·보건 문화   157

제6장 벌목, 청소, 도로·상하수도, 보안등·가로등, 광고물 작업시 안전조치   160
- 1. 벌목작업, 산림작업   160
- 2. 청소작업, 환경정비 작업   165
- 3. 상수도, 하수도 정비 작업   169
- 4. 도로보수 및 하천정비 작업   173
- 5. 광고물 정비 작업   178
- 6. 보안등·가로등 보수 작업   182

참고문헌   184
부록 1. 안전·보건 관리규정   187
부록 2. 사업장 위험성평가에 관한 지침   192

제 1 편

중대산업재해 예방 및 안전관리

제1장
중대재해처벌법 실무담당 체크 포인트

1. 관리감독자 중심의 안전보건관리체계 구축

 필자는 대규모 공사 현장 및 제조업, 기타업 등 다양한 업종에서 중대재해가 발생한 사고 현장을 여러 차례 확인한 적 있다. 사고 현장을 볼 때마다 아쉬웠던 점은 사업주가 산업재해를 방지하기 위해 종사자들에 안전하게 작업하라는 당부 사항만으로는 매우 부족하다는 것을 느꼈다.
 하인리히 법칙에서 재해 연속성 이론과 같이 사고가 우연히 어느 순간 갑작스럽게 발생하는 것이 아니라 이전에 크고 작은 사고들이 반복되었는데 이러한 사소한 상황들이 방치된 결과라고 생각이 든다.
 예를 들어 사업장 내 아주 작은 문제가 발생하였을 때 이를 살펴 그 원인을 파악하고 잘못된 점을 시정하면 사고를 예방할 수 있지만 이러한 징후가 있음에도 불구하고 이를 무시하고 방치하면 대형 사고로 번질 수 있다는 것이다.
 방호덮개를 설치할 수 있었고 위험한 상황이 있을 수 있다는 생각을 누구나 할 수 있었음에도 위험을 예방하는 조치가 늦어져 사업주에게 막대한 손실과 고통을 겪는 경우를 여러 번 보아 안타까운 상황을 느끼게 한다.

필자는 중대재해 예방은 현장에서 관리감독자 중심이 되어야 한다고 생각한다. 사업장에서 가장 우선으로 해야 할 것은 본사 중심의 전사적인 안전·보건 관리조직 구성이고, 이후 관리감독자들을 현장에 배치하여 산업안전보건법에 따른 안전조치 및 보건 조치가 현장에서 작동되도록 하고 현장에서는 직접적인 안전관리가 실천되어야 일하는 사람들의 안전이 보호되기 때문이다.

중대재해가 발생한 사업장 관계자와 여러 번 인터뷰해 본 결과 가장 아쉬웠던 점은 유해·위험요인을 발굴하고 이를 목록화하여 개선하는 조치가 안 되어 사고로 이어진 점이다.

수시 및 상시 위험성 평가를 해야 한다는 점에 대해서 관리감독자라면 누구나 알고 있다. 그런데도 현장에서 설비개선을 위한 예산 부족이나, 관리상 결함(휴먼에러)으로 인해 직접적인 안전조치 보건 조치를 하지 아니하거나 안전관리 담당자가 휴가 또는 출장 등 업무상 공백이 있을 때 예기치 못한 순간에 상황들이 발생하였다.

산업안전보건법상 관리감독자는 사업장의 생산과 관련되는 업무와 그 소속 직원을 직접 지휘·감독하는 직위에 있는 사람이고 관리감독자들이 유해·위험요인별로 필요한 안전보건 조치를 확인한 후 종사자들이 작업을 하도록 지휘·감독하기 때문에 산업재해 예방의 핵심으로 볼 수 있고 관리감독자들은 작업장 내에서 해당 작업에 수반되는 유해·위험요인을 명확히 알고 있고, 해당 유해·위험요인별 필요한 안전보건 조치가 된 상태에서 작업이 진행되는지 그 누구보다도 잘 알고 있기 때문이다.

산업안전보건법상 관리감독자의 업무를 요약하면 다음과 같다.

【관리감독자의 업무】

관련법	주요내용
산업안전보건법 제16조(관리감독자)	사업장의 생산과 관련되는 업무와 그 소속 직원을 직접 지휘·감독하는 직위에 있는 사람
산업안전보건법 시행령 제15조 (관리감독자 업무)	1. 기계·기구 또는 설비의 안전·보건 점검 및 이상 유무의 확인 2. 근로자의 작업복·보호구 및 방호장치의 점검과 그 착용·사용에 관한 교육·지도 3. 산업재해에 관한 보고 및 이에 대한 응급조치 4. 작업장 정리·정돈 및 통로 확보에 대한 확인·감독 5. 지도·조언에 대한 협조 6. 위험성평가에 관한 다음 각 목의 업무 7. 그 밖에 해당 작업의 안전 및 보건에 관한 사항으로서 고용노동부령으로 정하는 사항
산업안전 보건 기준에 관한 규칙	그 밖에 안전 및 보건에 관한 사항으로서 고용노동부령으로 정하는 사항 제35조(관리감독자의 유해·위험 방지 업무 등) 제36조(사용의 제한) 제37조(악천후 및 강풍 시 작업 중지) 제38조(사전조사 및 작업계획서의 작성 등) 제39조(작업지휘자의 지정) 제40조(신호) 제41조(운전위치의 이탈금지)
	*제35조(관리감독자의 유해·위험 방지 업무 등) 【별표2】유해·위험을 방지하기 위한 업무수행 【별표3】작업 시작하기 전 필요한 사항 점검 *제38조(사전조사 및 작업계획서 작성 등) 【별표4】사전조사 및 작업계획서

위와 같이 산업안전보건법상 관리감독자의 직무는 사업장에서 하는 모든 일에 대해 관리 감독 한다. 예를 들어 기계의 방호장치를 점검하는 일, 기계의 작업을 지휘하는 일, 작업방법과 근로자 배치를 결정하는 일, 작업자의 보호구 착용 및 교육지도, 작업장 통로 정리 정돈 및 위험성평가 실시, 사업장 내 중량물 작업, 차량계하역운반기계, 차량계 건설기계 작업 등 위험한 작업에서「산업안전보건기준에 관한 규칙」에 따라 사전조사 및 작업허가서를 작성하여 종사자들에게 교육하거나 전파를 하여야 하므로 현장에서 매우 중요한 역할을 하고 있다.

관리감독자가 실시하는 안전보건 교육의 경우 산업안전보건법 제29조에 따라 유해하거나 위험한 작업에 채용하거나 작업 내용을 변경할 때는 안전보건 교육을 추가로 하여야 한다. 예를 들어 전압이 75볼트 이상인 정전 및 활선작업의 경우 전기의 위험성 및 전격 방지에 관한 사항을 교육하거나, 비계의 조립 해체 또는 변경 작업을 하는 경우 비계 조립순서 및 방법에 관한 사항을 교육하여야 하고 높이가 2미터 이상인 물건을 쌓거나 무너뜨리는 작업을 하는 경우 물건의 위험성, 낙하 및 붕괴 재해 예방에 관한 사항을 교육해야 한다.

이러한 작업 명칭에 따른 특별교육(산업안전보건법 시행규칙 별표5)이 실시되어야 하나 전문성이 결여된 일반적인 안전보건 교육만 시행하거나 작업 시 주의사항만 알려 준다면 실질적인 위험에 대한 대처 능력이 부족하여 재해를 입을 수 있다.

관리감독자가 현장에서 직무를 수행하지 않아 중대산업재해가 발생하는 경우 산업안전보건기준에 관한 규칙 제35조 별표2, 같은 규칙 제35조 별표3, 같은 규칙 제38조 별표4의 위반으로 업무상과실 또는 산업안전보건법 위반이 되기 때문이다.

또한 중대재해처벌법 위반으로 검토 대상이 되어 같은 법 시행령 제4조 제5호에서 규정하는 안전보건관리책임자, 관리감독자 및 안전보건총괄책임자가 각각의 업무를 각 사업장에서 충실히 수행할 수 있도록 필요한 권한과 예산을 주었는지? 해당 업무를 충실하게 수행하는지를 평가하는 기준을 마련하였는지? 그 기준에 따라 반기 1회 이상 평가·관리하였는지? 안전보건 관리체계에서 절차 마련이 되었는지? 확인되는 대상이고, 중대재해처벌법 시행령 제5조 제2항 3호, 4호에서 규정하는 유해·위험한 작업에 관한 안전·보건에 관한 교육이 실시 여부와 관련이 되어 있기 때문이다.

필자는 기타 업종에서 발생한 중대재해 현장을 확인하고 수급인을 선정하는 계약업무가 얼마나 중요한지 느낀 적 있다. 사고가 발생한 곳은 도급인 사업장 내에서 발생한 것이고 공사계약은 도급인 소속 관리부서에서 계약하였다. 수급인 선정은 자체적으로 예전부터 계약해 온 분과 수의계약 형태로 결정된 것으로 외부에서 제작해 온 제품을 도급인 사업장에서 설치하던 중 중대재해가 발생한 것이다.

위 사고에서 살펴볼 수 있는 것은 산업안전보건법 제61조에서는 적격 수급인을 신징하도록 규정하고 있고 중대재해처벌법 제4조 제9호에는 적격 수급업체 선정을 위한 안전관리 수준평가 기준을 선정하게 되어 있다. 본 건의 사고를 볼 때 안전관리 수준 평가 기준을 가지고 수급인을 선정한 것인지? 중대재해처벌법상 도급, 용역, 위탁 등을 받는 자의 산업재해 예방을 하는 절차가 마련되었는지? 여부를 확인해야 하는데 이러한 절차적 시스템 미비와 함께 현장에서 직접적으로 안전조치 업무가 이행되지 않았기 때문에 재해가 발생한 것이다.

따라서 도급인 계약 담당자는 중대재해처벌법 시행령 제4조 제9호에 따라 제3자에게 업무의 도급, 용역, 위탁 등을 하는 경우 종사자의 안전·보건을 확보하기 위해 '가' 목에 해당하는 도급, 용역, 위탁 등을 받는 자의 산업재해 예방을 위한 조치 능력과 기술에 관한 평가 기준·절차를 마련하였는지 확인하여야 하고, '나' 목에 해당하는 도급, 용역, 위탁 등을 받는 자의 안전·보건을 위한 관리비용에 관한 기준과 '다' 목에 해당하는 건설업이나 조선업의 경우 도급, 용역, 위탁 등을 받는 자의 안전·보건을 위한 공사 기간 또는 건조 기간에 관한 기준 등이 마련되어 있는지 절차 마련을 확인하고 관리감독자 등이 현장에서 직접적인 안전조치 보건 조치가 이루어지는 시스템으로 되어 있을 때 적격 수급인으로 볼 수 있다.

예를 들어 수급인이 제시한 산업안전보건비 지출의 경우 도급인이 '협력기업 안전관리 절차서' 등을 마련하여 수급인이 제시한 안전보건관리비가 적정한지? 안전 경영방침과 관심도, 안전 조직체계 구축 등을 계량화하고 평가표로 집계하는 것이다.

대부분 도급인 사업장에서 제3자에게 업무의 도급, 용역, 위탁하는 이유는 생산 설비 제작에 있어서 기술적인 전문성이 부족하거나 제작 인력 부족, 안전상의 문제 등으로 외주 또는 용역을 통해 생산활동을 하고 있다. 이때 사업장의 안전관리에 대한 조언과 검토는 '누가 전반적으로 해야 하는가?'라고 묻는다면 안전관리자 또는 관리감독자의 역할이 매우 크다고 생각한다.

그 이유는 관리감독자는 기계·기구 또는 설비의 안전·보건 점검 등 생산과 관련된 업무를 직접적으로 수행하고 있고 설비 및 작업 내용에 대한 특성을 누구보다도 많이 이해하고 있기 때문이다.

따라서, 중대재해처벌법에서 사업장 안전보건관리체계 구축 및 이행은 현장에 있는 관리감독자가 중심이 되어야 하고 작업 현장에서 실제로 안전 시스템이 작동되어 유해·위험요인별 안전보건 조치가 제대로 된 상태에서 작업이 진행하는 경우 재해 예방 효과가 크기 때문이다.

필자가 생각하는 관리감독자 중심 안전·보건 관리 체계의 기본적인 흐름은 다음과 같다.

【단계별 관리감독자 중심의 안전보건 관리체계】

1단계	2단계	3단계
작업 공종별 유해·위험요인 파악	관리감독자 구체적 역할 부여 및 적극 지원	관리감독자 역할 수행 확인·평가 관리

관리감독자 업무수행의 중요성은 다음과 같이 판례에서 알 수 있다. 법원은 "관리감독자는 사업장의 생산과 관련되는 업무와 그 소속 직원을 직접 지휘 감독하는 직위에 있는 사람으로 이들에 대한 평가 항목에는 산업안전보건법에 따른 업무수행 및 그 충실도를 반영할 수 있는 내용이 포함되어야 하고, 평가 기준은 이들에 대한 실질적인 평가가 이루어질 수 있도록 구체적 세부적이어야 한다"라고 판단하였다. (춘천지방법원 2024.8.8. 선고 2022고단1445 판결)

또한, "안전보건관리책임자, 관리감독자, 안전관리자 등으로 하여금 안전 및 보건에 관한 중요성을 인식하지 못하여 공사 현장의 전반적인 안전관리 감독이 이루어지지 못하는 상황을 초래하였고 재해 예방에 필요한 안전보건관리체계 구축 및 그 이행에 관한 조치를 하지 아니하여 종사자가 사망하는 중대산업재해에 이르게 하였고(제주지방법원2023. 10. 18. 선고 2023고단146 판결) 관리감독자가 해당 업무를 충실하게 수행하는지 평가하는 기준도 마련하지 않는 등 사업장의 특성을 고려한 안전보건관리체계를 구축하지 아니하여 중대산업재해가 발생하였다"라고(창원지방법원 2023. 11. 3. 선고 2022고단1429 판결) 판단하였다.

위 판례에서 시사하는 바는 현장에서 관리감독자가 직접적인 업무수행을 하지 아니한 경우 산업안전보건법에서 규정하는 세부적인 안전보건 절차가 이행되지 않는다는 것으로 볼 수 있으므로 관리감독자의 업무역량 및 수행의 정도가 중대산업재해 예방에 큰 영향을 미치고 있음을 알 수 있다.

【관리감독자의 업무수행】

산업안전보건법 제16조	산업안전보건법 시행령 제15조	산업안전보건기준에 관한 규칙
사업장의 생산과 관련된 업무와 소속 직원 직접 지휘감독	기계·기구 또는 설비의 안전·보건 점검 및 이상 유무 등	규칙 제35조 (유해·위험 방지 업무), 제36조, 제37조, 제38조, 제39조, 제40조, 제41조

중대재해처벌법 시행령 제4조 제5호에서 관리감독자의 충실한 업무수행 여부를 평가·관리하도록 하고 있고, 산업안전보건법 제15조에 관리감독자의 업무가 직접 규정하고 있으므로 산업안전보건기준에 관한 규칙

별표2 및 별표3에서 정하는 바에 따라 작업을 시작하기 전에 관리감독자에게 필요한 사항을 점검하고, 점검 결과 이상이 발견되면 즉시 수리하거나 그 밖에 필요한 조치를 이행해야 하므로 이러한 업무상 역할의 부여하고 수행을 할 수 있도록 경영책임자는 적극적으로 지원을 해야 한다.

작업 현장에서는 필요한 안전보건 조치가 이뤄지지 않은 상태로 작업이 진행될 때 중대재해가 발생하고, 이에 따라 안전보건 조치 위반으로 특정되기 때문이다.

필자는 2024년 1월 27일부터 5인 이상 사업장에서 중대재해처벌법이 시행되기 이전에 도급인 내 사업장 관리감독자와 근로자들을 대상으로 안전보건 관리 역량을 확대하는 요인과 컴플라이언스 구축 시 주요 변인을 조사하기 위해 설문을 조사하여 연구한 적 있다. (김형근 외, 2024 한국경제통상학회 춘계학술대회), 당시 설문 분석결과 산업재해가 발생하는 가장 큰 원인에 대한 응답으로 종사자의 안전의식 결여, 사업장 안전보건 문화 부족 순으로 나타나 작업 전 관리감독자의 안전보건 교육을 통한 안전의식 고취가 필요한 것으로 분석하였고, 산업재해 감소를 위해 최우선으로 중요시되는 요인으로는 유해·위험요인 발굴 및 위험성평가, 전담 인력 증원 순으로 나타나 관리감독자 중심의 위험성 평가가 중요시됨을 확인한 바 있다.

이러한 사항들을 종합하면 산업안전보건법에 따른 직접적인 안전조치가 현장에서 이행되기 위해서는 관리감독자의 중심의 안전보건관리체계 구축이 중요하다고 생각한다.

Tip, 꼭 알아 두기

- 산업안전보건법 시행령 제15조(관리감독자 업무)에서 고용부령에서 정하는 사항이란?

○ 제35조(관리감독자의 유해·위험 방지 업무 등)
   - 산업안전보건기준에 관한 규칙 제35조 제1항 별표2에서 정하는 바에 따라 유해·위험을 방지하기 위한 업무
   - 산업안전보건기준에 관한 규칙 제35조 제2항 별표3에서 정하는 바에 따라 작업을 시작하기 전에 관리감독자에게 필요한 사항을 점검하고 점검 결과 이상이 발견되면 즉시 수리하거나 그 밖에 필요한 조치

○ 제36조(사용의 제한)
   - 안전 검사기준에 적합하지 않은 기계·기구·설비 및 방호장치·보호구 등 사용 금지

○ 제37조(악천후 및 강풍 시 작업 중지)
   - 순간풍속이 초당 10미터를 초과하는 경우 타워크레인의 설치·수리·점검 또는 해체작업 중지
   - 순간풍속이 초당 15미터를 초과하는 경우에는 타워크레인의 운전작업 중지

○ 제38조(사전조사 및 작업계획서 작성)
   - 별표 4에 따라 해당 작업, 작업장의 지형·지반 및 지층 상태 등

에 대한 사전조사, 별표 4의 구분에 따른 사항을 포함한 작업계획서를 작성
1. 타워크레인을 설치·조립·해체하는 작업
2. 차량계 하역운반기계등 사용하는 작업(화물자동차 사용 도로상 주행작업 제외)
3. 차량계 건설기계를 사용하는 작업
4. 화학설비와 그 부속설비를 사용하는 작업
5. 제318조에 따른 전기작업(전압 50볼트를 넘거나 전기에너지가 250볼트암페어를 넘는 경우)
6. 굴착면의 높이가 2미터 이상이 되는 지반의 굴착작업
7. 터널굴착작업
8. 교량(상부구조가 금속 또는 콘크리트로 구성되는 교량으로서 그 높이가 5미터 이상이거나 교량의 최대 지간 길이가 30미터 이상인 교량으로 한정)의 설치·해체 또는 변경 작업
9. 채석작업
10. 구축물, 건축물, 그 밖의 시설물 등의 해체작업
11. 중량물의 취급작업
12. 궤도나 그 밖의 관련 설비의 보수·점검작업
13. 열차의 교환·연결 또는 분리 작업
- 작업계획서의 내용을 해당 근로자에게 알려 주어야함
- 항타기나 항발기를 조립·해체·변경 또는 이동하는 작업을 하는 경우 그 작업 방법과 절차를 정하여 근로자에게 주지
- 모터카, 멀티플타이탬퍼, 밸러스트 콤팩터(철도자갈다짐기),

궤도안정기 등의 작업차량을 사용하는 경우 미리 그 구간을 운행하는 열차의 운행관계자와 협의

○ 제39조(작업지휘자의 지정)
  - 제38조제1항제2호 · 제6호 · 제8호 · 제10호 및 제11호의 작업계획서를 작성한 경우 작업지휘자를 지정, 작업 지휘

○ 제40조(신호)
  - 양중기(揚重機)를 사용하는 작업, 유도자를 배치하는 작업, 항타기 또는 항발기의 운전작업, 중량물을 2명 이상의 근로자가 취급하거나 운반하는 작업

○ 제41조(운전위치의 이탈금지)
  - 다음 각호의 기계를 운전하는 경우 운전자가 운전 위치를 이탈하게 해서는 아니 된다.
    1. 양중기
    2. 항타기 또는 항발기(권상장치에 하중을 건 상태)
    3. 양화장치(화물을 적재한 상태)

2. 안전보건관리책임자 등에 업무 권한 부여

사업장 내 안전관리 시스템 미비로 반복되는 중대산업재해 예방을 하는 데 안전보건관리책임자의 직무 및 역할이 매우 중요하다.

중대산업재해에서 안전조치 의무 위반으로 인한 것은 산업안전보건법상 위반죄와 중대재해처벌법 위반(산업재해치사)죄이고 이는 모두 근로자의 생명을 보호 법익으로 하는 것이므로 각각 구성요건을 이루는 주의 의무는 내용 면에서 서로의 법령상 차이가 있으나 법의 취지는 산업재해를 예방하기 위해 부과되는 것이므로 상호 밀접한 관련성이 있다.

안전보건관리책임자의 역할이 중요한 이유는 산업안전보건법 제15조에서 규정하고 있는 업무를 충실히 하는 것이고 사업주는 안전보건관리책임자가 법 제15조 제1항에 따른 업무를 원활하게 수행할 수 있도록 권한·시설·장비·예산과 그 밖에 필요한 지원들이 잘되어야 역할을 충실히 이행될 수 있다고 생각한다.

최근 중대재해처벌법 위반 판결에서 "안전보건관리책임자 등이 업무를 충실히 수행할 수 있도록 평가 기준을 마련하지 않았고(창원지방법원 마산지원 2023. 4. 26. 선고 2022고합95 판결, 인천지방법원 2023. 6. 23. 선고 2023 고단651 판결) 관리소장이 종사자에게 안전모를 착용할 것을 지시하지 않은 채 사다리 작업을 하게 함으로써 추락에 의한 중대재해의 발생 위험을 제거하지 아니하였다. (서울 북부지방법원2023. 10. 12. 선고 2023 고단2537 판결)"라고 판단하였다.

결론적으로 보면 산업안전보건법에서 안전보건관리책임자의 충실한 업무수행과 중대재해처벌법 제4조 같은 법 시행령 제4조 제5호 '안전보건

관리책임자 등에게 해당 업무수행에 필요한 권한과 예산', '안전보건 관리책임자 등이 해당 업무를 충실하게 수행하는지를 평가하는 기준과 관계가 있음을 알 수 있다.

필자는 현장에서 작업 안전 절차가 잘 지켜지지 않는 여러 유형의 사례를 보았고 그 이유로는 안전보건관리책임자가 현장 업무를 원활하게 수행할 수 있도록 권한·시설·장비·예산 및 그 밖에 필요한 안전 자원을 사업주로부터 지원받지 못한 점에 기인한다고 생각하고 있다. 예산, 인적자원, 물적자원의 활용, 안전보건관리체계 구축에 대한 소개는 제2편 중대재해처벌법 해설에서 논하고자 한다.

그간 쟁점이 되는 것은 중대재해가 발생한 사업장에서 안전보건관리책임자가 누구인지, 경영책임자가 누구인지 관건이 되고 있으나, 실무적으로 안전보건관리책임자는 산업안전보건법상 사업장을 실질적으로 총괄하여 관리하는 사람으로 행위자를 특정하고 있다.

법원은 '행위자'에 대한 판단으로 "당해 업무를 실제로 집행하는 자라 함은 그 법인 또는 개인의 업무에 관하여, 자신의 독자적인 권한이 없이 오로지 상급자의 지시에 의하여 단순히 노무 제공을 하는 것에 그치는 것이 아니라, 적어도 일정한 범위 안에서는 자신의 독자적인 판단이나 권한에 의하여 그 업무를 수행할 수 있는 자를 의미한다고 봄이 상당하다"라고 판단하였다. (대법원 2007. 12. 28. 선고 2007도8401 판결)

위 판례에 따라 산업안전보건법 제15조를 이행할 책임을 부담하는 자이면서 구체적으로 안전보건관리 업무를 맡은 현장소장, 공장장 등을 대상으로 하고 있고, 행위자 판단 기준은 고의 입증이 가능한 자(대법원

2010.11.25 선고 2009도11906 판결) 사고와 인과관계 있는 위험을 예방할 안전조치 의무가 있는 자(대법원 2011.10.13. 선고 2011도 10743판결), 구체적·직접적 주의 의무를 부담하는 자(대법원 2018.10.25. 선고 2016도11847 판결)로 판단 기준을 정하고 있다.

중대재해처벌법에서는 사업주 또는 사업주를 위하여 근로자의 안전·보건에 관한 총괄하여 관리하는 사람에게 근로자의 위험을 방지하기 위한 조치를 해야 하고 안전보건총괄책임자로 하여금 구체적으로 안전보건 기준에 관한 규칙이 정하고 있는 안전조치를 하여야 하고 이러한 안전조치의무 위반과 결과 발생 사이의 인과성에 대한 예견 가능성, 기본 행위에 대한 고의 등을 산업재해치사죄로 판결하고 있다. (춘천지방법원 2024.8.8. 선고 2022고단1445 판결)

결과적으로 안전보건관리책임자는 당해 사업장에 대한 산업재해 예방계획을 수립하고, 안전보건관리규정을 작성하고, 안전보건교육 실시와 산업재해의 원인 조사 및 재발 방지대책 수립 업무를 총괄관리하고 있으므로 그 역할이 매우 중요함을 알 수 있다.

> **Tip. 꼭 알아 두기**

【산업안전보건법】

제15조(안전보건관리책임자) ① 사업주는 사업장을 실질적으로 총괄하여 관리하는 사람에게 해당 사업장의 다음 각호의 업무를 총괄하여 관리하도록 하여야 한다.

1. 사업장의 산업재해 예방계획의 수립에 관한 사항
2. 제25조 및 제26조에 따른 안전보건관리규정의 작성 및 변경에 관한

사항

3. 제29조에 따른 안전보건교육에 관한 사항
4. 작업 환경측정 등 작업 환경의 점검 및 개선에 관한 사항
5. 제129조부터 제132조까지에 따른 근로자의 건강진단 등 건강관리에 관한 사항
6. 산업재해의 원인 조사 및 재발 방지대책 수립에 관한 사항
7. 산업재해에 관한 통계의 기록 및 유지에 관한 사항
8. 안전장치 및 보호구 구입 시 적격품 여부 확인에 관한 사항
9. 그 밖에 근로자의 유해·위험 방지 조치에 관한 사항으로서 고용노동부령으로 정하는 사항

【중대재해처벌등에 관한 법률시행령】
제4조(안전보건관리체계의 구축 및 이행 조치)
5. 「산업안전보건법」 제15조, 제16조 및 제62조에 따른 안전보건관리책임자, 관리감독자 및 안전보건총괄책임자(이하 이 조에서 "안전보건관리책임자등"이라 한다)가 같은 조에서 규정한 각각의 업무를 각 사업장에서 충실히 수행할 수 있도록 다음 각 목의 조치를 할 것
  가. 안전보건 관리책임자 등에게 해당 업무수행에 필요한 권한과 예산을 줄 것
  나. 안전보건 관리책임자 등이 해당 업무를 충실하게 수행하는지를 평가하는 기준을 마련하고, 그 기준에 따라 반기 1회 이상 평가·관리할 것

3. 경영책임자의 반기 1회 이상 점검 및 사후 조치

중대재해처벌법상 경영책임자가 반기 1회 이상 점검하는 경우는 다음과 같다.

중대재해처벌법 시행령 제4조 제3호에서 정한 '유해·위험요인의 확인 및 개선 여부', 같은 법 시행령 제5호에서 정한 '안전보건관리책임자 등 해당 업무를 충실히 수행 평가 관리', 같은 법 시행령 제7호에서 정한 '종사자 의견 청취 절차에 따른 의견수렴 및 개선방안 마련 이행 여부', 같은 법 시행령 제8호에서 정한 '중대산업재해 발생 대비 마련한 매뉴얼 따른 조치 여부', 같은 법 시행령 제9호에서 정한 '종사자 안전보건 확보를 위한 도급·용역·위탁기준·절차 이행 여부', 같은 법 시행령 제5조 제2호에서 정한 관리상 조치 의무에 해당하는 것으로 안전보건 관계 법령에 따른 의무 이행에 대한 점검과 안전보건 관계 법령에 따른 안전·보건에 관한 교육이다.

필자는 경영책임자의 반기 1회 이상 점검 및 사후 조치에 대해 사업장 관계자와 인터뷰 하였던 사례를 간단히 소개하고자 한다.

A 사업장의 경우 본사 안전보건 전담부서가 구축되어 있고 전담부서가 전국 사업장에 대해 직접 안전·보건 의무 이행 실태를 점검하고 경영책임자에게 보고하였다.

B 사업장의 경우 사업장별 자체적으로 안전·보건 의무 이행 실태를 점검하고 별도의 '안전보건 시스템'에 PDF 파일로 보고하였다.

C 사업장의 경우 외부 안전·보건 전문기관에 안전·보건 의무 이행 실태를 위탁 점검하도록 하고 그 결과를 경영책임자에게 직접 보고하였다.

위 사례와 같이 경영책임자의 반기 1회 이상 점검은 다양한 형태로 실시하고 있는 것으로 확인한 적 있다. 어떤 형태이든 반기 1회 이상 점검하고, 의무가 이행되지 않은 사실이 확인될 때는 인력을 배치하거나 예산을 추가로 편성·집행하도록 필요한 조치를 하거나, 유해·위험한 작업에 관한 안전·보건에 관한 교육이 되었는지 점검하고 보고받아야 하고, 이때 보고 결과 시행되지 않은 교육에 대해서는 지체 없이 그 이행의 지시, 예산의 확보 등 교육 시행에 필요한 조치를 하면 된다.

따라서 필자가 생각한 것은 어떤 형식의 점검이든 중앙행정기관의 장이 지정한 기관 등에 위탁하여 점검하고 그 결과를 경영책임자에게 보고하고 사후 조치가 반드시 이루어졌다면 베스트라고 생각한다. 그러나 현장에서 점검은 실시하였으나 이에 대한 개선대책이 이루어지지 않은 상황에서 보고만 받았고 실질적으로 안전조치가 이행되지 않아 중대 재해가 발생한 사업장을 본 적 있다.

판례는 안전보건 관계 법령에 따른 의무 불이행 사실 있었음에도 시정조치 등 필요한 조치를 하지 않아 중대재해처벌법 시행령 제5조 제2항의 위반으로 판단하고 있다. (대구지방법원 서부지원 2023. 11. 9. 선고 2023고단1746 판결)

필자는 근로자 수 5인 이상이면서 50인 미만의 소규모 사업장에서 별도의 안전부서가 없는 사업장의 경우 외부 전문가에게 현장의 안전보건 실태를 점검하고 종합적으로 경영책임자에게 보고하여 필요한 인력 및 예산을 배정받아 개선이 필요한 사항이 있다면 안전보건관리책임자 및 관리감독자가 충분히 업무를 수행하도록 조치하는 것도 하나의 방법이라고 생각해 본다.

경영책임자의 반기 1회 이상 점검 및 사후 조치 관련 법원 판례를 소개하고자 한다.

중대재해처벌법 시행령 제4조 제3호 관련 법원은 "산업안전보건법 제36조와 그 위임에 따른 사업장 위험성 평가에 관한 지침(고용노동부 고시 제2020-53호)이 규정하는 방법과 절차·시기 등에 대한 기준을 전혀 반영하지 않고 일반적인 사항에 대한 절차만 규정한 결과, 이 사건 공사 현장의 특성과 작업의 공정을 적절히 파악하고 … 중간 생략 … 해당 작업을 수행하는 근로자들의 참여 등을 통해 실질적인 위험요인을 찾아내 평가할 수 없도록 하였다."라고 판결하였고, "그러한 이유로 이 사건 공사 현장의 특성에 따른 유해·위험요인을 확인하여 개선하는 업무절차라고 보기 어려운 점, 위험성 평가표 등이 있으나 이는 이 사건 공사 현장의 실질적인 유해·위험요인을 확인하고 작성한 것이 아니라 다른 공사 현장에서의 경험 등을 기초로 형식적으로 작성한 점" 등 사유를 들어 위반으로 판단하였다. (의정부법원 고양지원 2023. 10. 6. 선고 2023고단3255 판결)

중대재해처벌법 시행령 제4조 제5호 관련 법원은 "안전보건관리책임자 등 해당 업무를 충실히 수행하도록 평가 항목이 구체적으로 마련되어 있었다면 근로자의 작업복·보호구 및 방호장치의 점검과 그 착용·사용에 관한 교육·지도, 위험성 평가를 위한 유해·위험요인의 파악 및 개선조치 시행에 참여, 근로자에 대한 안전보건교육, 작업 환경의 점검 및 개선에 관한 사항, 산업재해의 원인 조사 및 재발 방지대책 수립에 관한 사항, 안전보건 규칙에서 정하는 근로자의 위험 또는 건강 장해의 방지에 관한 사항 등의 업무가 실효성 있게 이루어져 안전조치의무위반 및 이에 따른 사고를 방지할 수 있었을 것이다"라고 판단하였다. (춘천지방법원 2024. 8. 8. 선고 2022고단1445 판결)

중대재해처벌법 시행령 제4조 제7호 관련 법원은 "각 협력 업체 하수급업체의 현장소장 등이 그 소속 근로자들에게 당일 작업시 유의할 사항을 일방적으로 전달하는 절차인 TBM 역시 사업 사업장의 안전보건에 관한 사항에 대해 종사자의 의견을 듣는 절차라 할 수 없다"라고 판단하였다. (창원지방법원 통영지원 2024. 8. 21. 선고 2023고단95 판결, 2023고단1448(병합) 판결) 중대재해처벌법 시행령 제5조 관련 법원은 "중량물 취급 작업시 작업계획서를 작성하지 않거나 크레인으로 중량물 인양 시 근로자 출입 통제 조치가 이루어지지 않는 등 안전·보건 관계 법령에 따른 의무가 이행되지 않은 사실이 확인하였음에도 인력을 배치하거나 예산을 추가로 편성·집행하도록 하는 등 해당 의무 이행에 필요한 조치를 하지 않았다."라고 판단하였다. (울산지방법원 2024. 7. 4. 선고 2023고단5014 판결)

4. 사업장 특성 및 유해·위험요인 파악

중대재해처벌법 시행 이후 경영책임자의 안전보건 확보 의무 위반 사이에 인과관계가 검토되어 산업안전보건법 위반이 매개되고 같은 법 제6조 위반으로 형사 제재가 된 각급 지방법원 1심 판례 30건(2024년 12월 기준)에서 중대재해처벌법 시행령 제4조 위반 조항을 분석하면 다음과 같다.

건설업에서 중대재해처벌법 시행령 제4조 제5호 위반은 18건(24%), 제3호 위반 14건(18.7%), 제7호 위반 9건(12%), 제9호 위반 8건(10.7%), 제8호 위반 7건(9.3%) 등이고, 제5조 제2항 제1호 위반 2건(2.7%), 제2항 제3호 위반 2건(2.7%)이다. 제조업에서 시행령 제4조 제3호 위반은 8건(26.7%), 제5호 위반 5건(16.7%), 제5조 제2항 제1호 위반 4건(13.3%), 제2호 위반 4건(13.3%) 순이다. 기타업에서 제4조 제7호 위반 1건(50%), 제4조 제3호 위반 1건(50%)이며 이를 정리하여 도표화하면 다음과 같다.

【업종별 중대재해처벌법 시행령 제4조, 제5조 위반 통계】

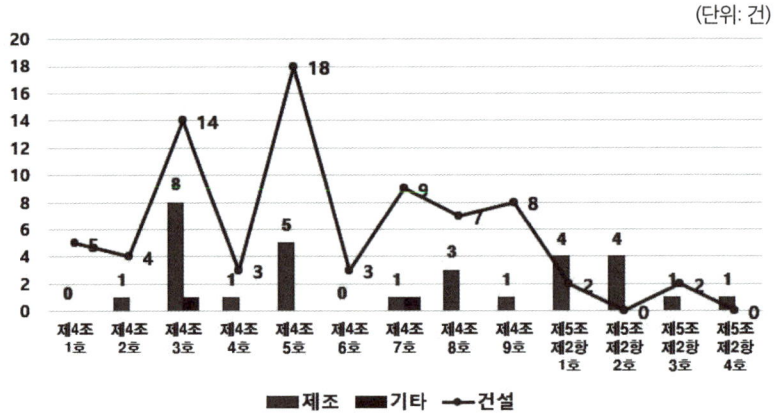

* 출처: 대법원

위 판례에서 시사점은 경영책임자의 안전보건 확보 의무 위반과 중대산업재해 사이의 인과관계가 입증되어 1심 법원에서 가장 큰 비중을 차지하고 있는 것은 중대재해처벌법 시행령 제4조 제3호와 제5호가 가장 많이 나타나고 있다. 사업장 특성을 반영한 유해 위험요인 확인하고 개선하는 절차마련(서울북부지방법원 2023. 10. 12. 선고 2023고단2537 판결 및 대구지방법원 2023. 11. 17. 선고 2023고단593 판결 등)과 안전보건관리책임자 등에 해당 업무수행에 필요한 권한과 예산을 주고, 업무를 충실하게 수행하는지를 평가하는 기준을 마련하고 그 기준에 따라 반기 1회 이상 평가 관리하여야 하는데 이를 이행하지 않는 것으로 나타났다.

예를 들어 토목공사업을 전문으로 하는 경우 토목공사 특성에 맞는 안전보건 관리체계구축을 마련하는 것이고, 건축 공사를 전문적으로 하는 경우 추락, 협착 등 사고를 예방하기 위한 절차가 필요함을 의미하며 중대재해처벌법에서 시행 이후 전체 중대재해처벌법 위반에서 건설업이 차지하는 현황은 다음과 같다.

【중대재해처벌법 시행령 제4조, 제5조 위반 통계】

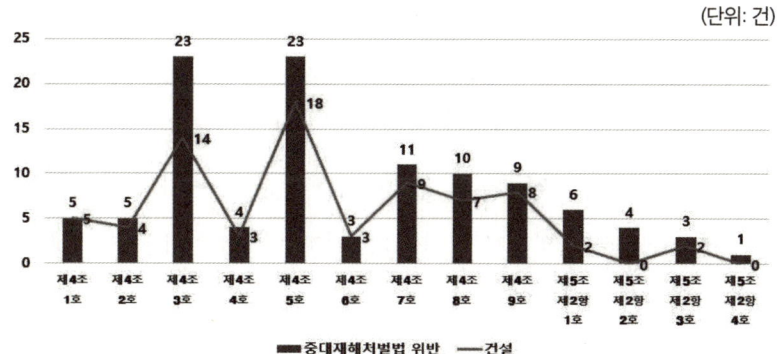

* 출처: 대법원

필자는 그간 중대 재해가 발생한 사업장에 대해 안전보건관리규정을 살펴본 결과 일부 사업장에서는 재해 발생 공정 작업에 대한 안전작업절차서 또는 소 작업 지침서 등 업무 매뉴얼이 없었고, 마련된 안전보건관리규정은 업계에서 통용되는 일반적으로 통용되는 작업 내용만 기술된 것을 본 적이 있다. 결국 형식적인 절차 마련은 사고를 예방하기 어렵다는 점을 나타내고 있다. 사업장 특성을 반영하지 않고 일반적인 절차를 마련한 것에 대해 법원은 "중대재해처벌법 시행령 제4조 제1호 규정된 안전보건에 관한 목표와 경영방침은 사업 또는 사업장 특성과 규모가 반영되어야 하고 업계에 통용되는 표준적인 양식을 별다른 수정 없이 활용하는 데 그치거나 안전보건 확보하기 위한 실질적인 구체적인 방안이 포함되지 않아 명목상 것의 불과한 경우에는 중대재해처벌법에서 요구하는 목표와 경영방침을 설정하였다고 볼 수 없다"라고 판단하였다. (창원지방법원 마산지원 2023. 8. 25. 선고 2023고합8 판결)

필자는 중대재해 현장 확인시 토목 또는 건축업에서 산업안전보건법 제42조에 따라 건설물, 기계, 기구 및 설비 등 설치 이전시 안전보건공단에 제출한 유해 위험방지계획서를 기초하여 공단에 제출된 내역과 동일하게 위험성 평가를 시행하는 사업장을 여러 차례 본 적이 있다. 착공 전에 실시한 위험성 평가는 실제 착공 이후 설계가 변경된 사업장 특성이 반영되지 않았고 이를 간과하여 크레인에 의한 중량물 작업 중 사고가 발생한 것이다. 위 사례와 같이 사업장 특성에 맞는 안전보건관리체계는 건축 공사 착공 전 유해위험방지계획서 자료를 기초로 하여 실시할 수는 있으나 실시간 변경된 작업 현장의 특성과 상황들을 살펴보고 상시적으로 위험성 평가를 하거나 이러한 위험요인에 대해 종사자들과 공유하는 것이 매우 중요하다. 따라서 사업장 특성 반영은 실착공이 이루어진 시기에 유해·위험요인을 확인 개선하는 절차 마련을 해야 하고 구체적으로 설명하면 다음과 같다.

【사업장 특성 분석 및 안전보건관리체계 구축】

위험요인	제거·대체 통제 방안	사업장 특성 분석	안전보건관리체계 구축
(건설) 건설현장 개구부, 추락	설계 시공시 개구부 최소화 안전난간 또는 덮개 설치	(1단계) 본질적, 근원적 대책	○ 건설 작업 내용별 절차 마련(토목, 건설, 터널작업 등) ○ 작업내용 변경시 수시 또는 상시 위험성평가 절차 마련 ○ 경영책임자 점검 시 산업안전보건법에 따른 안전절차 이행을 위한 인력 및 예산편성 ○ 내·외부 객관적인 점검 및 안전조치 이행 ○ 안전보건 관계 법령에 따른 의무 이행 여부 확인 및 의무가 이행되지 않는 사실 확인시 개선조치
(제조) 위험 기계 기구	덮개 등 방호장치	(2단계) 공학적 대책	
(화학) 유해 화학물질	국소배기장치, 누출방지장치	(3단계) 관리적 대책 (4단계) 개인보호구 착용	

※ 참조: 고용노동부 안전보건관리체계구축 가이드북 및 판례 등을 재정리함

위에서 1단계에 해당하는 본질적 근원적 대책의 경우 위험요인에 대해 제거하거나 대체하는 방안이다. 예를 들어 사다리의 작업의 경우 비계 등을 이용하여 안전하게 작업하도록 작업 발판을 마련하는 것이고, 2단계

공학적 대책이란 본질적 근원적 대책이 불가능한 경우 안전난간, 덮개, 추락 방호망 등을 설비를 갖추는 것을 말하고, 3단계 관리적 대책은 중량물 작업 또는 인양물 근처에 출입금지, 지게차 운전 시 속도 제한, 작업 전 근로자 안전교육 등이 해당한다.

【사업장의 유해·위험요인 파악】

작업요인	물적요인
○ 장시간 근로 ○ 불안정 상태 ○ 중량물 작업 ○ 야간업무 ○ 작업통로	○ 기계 설비 충돌 끼임 ○ 건물 추락, 전도, 붕괴 ○ 전기 감전, 정전기 ○ 화학 가스, 반응성 물질 ○ 생물학 바이러스

사업장 위험요인

인적요인	환경요인
○ 미숙련 작업 ○ 경험부족 ○ 임시작업 ○ 질병보유 ○ 체력저하	○ 작업장 조도 ○ 소음기 ○ 증기, 분진, 미스트 ○ 유해물질 ○ 소음, 진동

* 출처: 고용노동부 안전보건관리체계구축 자료 및 김형근 외(2022) "작업환경과 일자리 변동의 관계" 자료를 재정리함

5. 소규모 사업장에 필요한 핵심 요소

2017년부터 2023년까지 사고성 사망자 수 현황을 살펴보면 소규모 사업장이 가장 큰 비중을 차지하는 것으로 나타났다. 위 기간 동안 사고성 사망자 수는 총 6,186명이고 가장 많은 사고성 사망자 수는 5인 미만 사업장에서 2,165명(35%)으로 나타났다.

10인에서 29인은 1,339명(21.65%), 5인에서 9인은 89명(14.39%)으로 나타났고 중대재해처벌법이 시행되는 2022년은 5인 미만이 342명(39.1%), 10인에서 29인은 176명(20.1%)이다. 2023년은 5인 미만에서 278명(34.2%), 10인에서 29인은 172명(21.2%)으로 나타나 5인 미만 사업장 근로자 수에서 사망사고가 가장 많이 발생하였다.

【근로자 수 기준 사고성 사망자 수】

(단위: 명)

근로자 수	2017년	2018년	2019년	2020년	2021년	2022년	2023년
5인 미만	292	322	301	312	318	342	278
5인-9인	148	137	110	122	120	112	141
10인-29인	222	207	185	200	177	176	172
30인-49인	74	79	64	80	55	77	46
50인-99인	77	53	70	53	54	49	66
100-299인	85	104	77	78	56	71	64
300-499인	22	25	22	10	14	16	20
500인-999인	25	21	15	13	16	12	6
1000인 이상	19	23	11	14	18	19	19

* 출처: 고용노동부 산업재해 현황분석(2017~2023년)

위 통계에서 나타난 시사점은 영세한 중·소규모 사업장에서 안전보건 관리체계 구축이 되지 아니하였고, 위험 기계 기구 등 설비 등에서 안전 조치 보건 조치가 이행되지 않음을 알 수 있다. 연도별 사고성 사망자 수를 그래프로 나타내면 다음과 같다.

【2017~2023년 사고성 사망자 수】

* 출처: 고용노동부 산업재해 현황분석(2017~2023년)

업종별 및 재해유형별 사망사고 발생 현황을 살펴보면 사고 사망자 수가 가장 많은 것으로 건설업, 제조업, 기타업 순으로 발표되었고, 건설업에서는 50억 미만, 제조업에서는 근로자 수 50인 미만, 기타업에서 근로자 수 50인 미만이며, 사망 재해 유형별로는 떨어짐이 가장 많고, 기타, 부딪힘 순으로 나타났다.

【업종별 및 재해유형별 사망자 수】

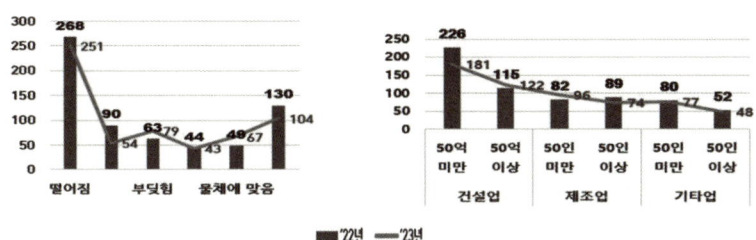

* 출처: 고용노동부 2023년 산업재해 현황 부가 통계

 필자가 그간 사고 현장조사시 느낀 점으로 5인 미만의 소규모 사업장에서 종사자의 안전보건을 위해 개선이 필요하였던 점을 소개하면 다음과 같다.

 건설업에서는 안전보건 조직의 권한 및 책임부여, 근로자 참여 운영절차, 문서관리, 비상 조치계획 운영, 성과평가 등이 부재한 것으로 나타났고, 제조업에서는 제조 공정별 유해·위험요인 발굴과 유해·위험요인의 통제 및 개선대책, 위험성평가, 안전보건관리책임자, 관리감독자 등에게 권한 부여하기, 사업주의 안전 예산 지출 및 인력지원 등 부족하고, 기타 업종 사업시설 유지·관리업의 경우 동종 업종에서 발생한 사고 사례를 파악(건물 청소 등에 사용하는 왁스 및 세정제, 세척제와 용접 등을 위한 가연성 또는 인화성 물질)하고 작업 전 안전미팅(TBM) 등을 통해 회사 규모와 사정에 맞는 적절한 방법으로 사업주의 안전에 관한 관심과 적절한 조치를 이행하는 것이 좋을 듯하다.

 특히, 공사금액 50억 미만과 근로자 수 50인 미만의 제조업 등 소규모 사업장의 경우 안전보건공단에서 시행하고 있는 업종별 산재예방 지원사업인 안전보건관리체계 구축 컨설팅 사업, 위험성평가 인정, 안전보건경영시스템 구축 컨설팅, 소규모 사업장 안전보건 기술지원 사업에 참여하여 제도의 혜택을 보는 것도 좋을 듯하다.

건설업의 경우 안전보건공단에서 시행하는 클린사업장 조성 지원(50억 미만, 추락 방지용 안전시설을 설치하는 현장) 및 질식 재해 예방 지원(밀폐 공간 보유사업장), 건설 일용근로자 배치 전 특수건강진단 비용 지원(특수건강진단 대상 유해인자 보유사업장)사업에 참여가 필요하고 제조업은 클린사업장 조성지원(50인 미만 사업장으로 끼임 방지 시설, 위험기계 기구 방호장치 등 보유·임대 사업장), 안전투자 혁신사업(구조적으로 안전성이 미확보된 이동식 크레인 등 보유사업장과 뿌리 공정에 해당하는 주조, 소성가공, 표면처리 보유 또는 끼임) 공모에 참여하면 기업에 도움이 될 것으로 기대된다.

Tip, 꼭 알아 두기

안전보건 확보의무 위반과 중대산업재해 사이의 인과관계에서 산업안전보건법의 위반이 매개로 한 내용은 다음과 같음

- ■ 작업지휘자 지정
- ○ 산업안전보건기준에 관한 규칙 제39조(작업지휘자의 지정)
  - 제38조 제1항 제2호·제6호·제8호·제10호 및 제11호의 작업계획서를 작성한 경우 작업지휘자를 지정하여 작업계획서에 따라 작업을 지휘하도록 해야 함(다만, 제38조 제1항 제2호의 작업에 대하여 작업장소에 다른 근로자가 접근할 수 없거나 한 대의 차량계 하역운반기계등을 운전하는 작업으로 주위에 근로자가 없어 충돌

위험이 없는 경우에는 작업지휘자를 지정하지 않을 수 있음)
  2. 차량계 하역운반기계 등을 사용하는 작업
  6. 굴착면의 높이가 2미터 이상 되는 굴착작업
  8. 교량의 설치·해체 또는 변경작업
  10. 구축물, 건축물의 해체작업
  11. 중량물의 취급작업

■ 작업 시 신호
○ 산업안전보건기준에 관한 규칙 제40조(신호) 다음 각호의 작업을 하는 경우 일정한 신호 방법을 정하여 신호하도록 하여야 하며, 운전자는 그 신호에 따라야 함
  1. 양중기(揚重機)를 사용하는 작업
  2. 제171조 및 제172조 제1항 단서에 따라 유도자를 배치하는 작업
  3. 제200조 제1항 단서에 따라 유도자를 배치하는 작업
  4. 항타기 또는 항발기의 운전작업
  5. 중량물을 2명 이상의 근로자가 취급하거나 운반하는 작업
  6. 양화장치를 사용하는 작업
  7. 제412조에 따라 유도자를 배치하는 작업
  8. 입환작업(入換作業)

6. 도급인의 산업재해 예방조치

개정 「산업안전보건법」에서는 관계 수급인 근로자의 폭넓은 보호를 위해 도급의 정의를 '일의 완성' 또는 대가의 지급 여부와 관계없이 '업무를 타인에게 맡기는 계약'으로 확대하고 있다.

따라서 계약의 명칭과 관계없이 자신의 업무를 타인에게 맡기는 계약을 도급으로 판단하고 도급인의 업무에 해당한다면 사업목적과 직접적 관련성이 있는 경우뿐만 아니라 직접적으로 관련이 없는 경우에도 도급에 포함하는 것으로 보고 있다.

도급인은 관계 수급인 근로자가 도급인의 사업장에서 작업을 하는 경우 산업재해 예방을 위한 사항을 이행하여야 하므로 안전·보건협의체 구성 및 운영, 작업장 순회점검, 수급인 근로자의 안전·보건 교육을 위한 장소 및 자료의 제공 등 지원, 관계 수급인이 근로자에게 하는 안전보건교육 실시 확인, 화재·폭발, 지진 등에 대비한 경보체계 운영과 대피 방법 등 훈련, 휴게시설 그 밖에 시설 설치 등을 위한 장소의 제공 또는 도급인이 설치한 시설 이용에 관한 협조를 해야 한다.

중대재해처벌법에서 건설공사의 시설 장비 장소 등에 대한 실질적인 지배·운영·관리하는 책임에 대한 행정해석으로 △해당 작업과 관련한 시설, 장비, 장소 등에 대하여 도급인에게 소유권 또는 임차권이 있거나 그 밖에 사실상의 지배력을 가지고 있는 경우 △제3자에게 소유권 등이 있더라도 도급인이 그 사용방식 자체에 관여하거나 도급인의 지배하에 있는 특수한 위험 요소가 있어 해당 사업에 수반되는 유해·위험요인을 도급인이 직접 통제하는 경우 △도급인이 사업을 하기 위해 상시적으로 관리하여야 하는 생산 시설, 기계, 설비 등에 대한 유지·보수 공사 등의 업무를 도급해 준 경우로 보고 있다. (중대산업재해감독과-1709, 2021. 11. 26.)

다만, 건설공사 자체가 도급인의 사업수행 자체와 직접적인 관련성이 적고 도급인의 사업과 분리되었다고 평가할 수 있는 경우, 도급인의 지배 하에 있는 특수한 위험 요소가 없거나, 있더라도 중대재해가 해당 위험 요소로 발생한 것이 아닌 경우, 계약의 내용이나 규모, 수급인의 전문성, 인력관리 능력과 방식 등 제반 사정에 비추어 사고 방지를 위해서 수급인이 실질적 지배·운영·관리 책임을 부담하는 것이 더 적절한 경우가 모두 해당하면 도급인이 실질적으로 지배·운영·관리하는 책임이 있는 것으로 보기 어렵다고 판단하였다. (중대산업재해감독과-2008, 2021. 12. 20.)

도급·용역·위탁 시 안전보건 확보 의무를 위한 안전보건관리체계는 어떻게 해야 하는가?

판례는 "제3자에게 업무의 도급 등을 하는 경우 종사자의 안전·보건을 확보하기 위하여 도급받은 자의 산업재해 예방을 위한 조치 능력과 기술에 관한 평가 기준 절차를 마련하지 아니하여 이 사건 관계 수급인이 공사 현장에 대한 위험성 평가조차 할 수 없었음에도 도급을 맡겨 공사를 진행하게 하였다"고 판단하였다. (의정부지방법원 고양지원 2023. 10. 16. 선고 2022고단3255 판결)

위 판례에서 시사하는 바는 도급인의 사업장에서 작업할 때 관계 수급인 등 포함한 종사자에 대한 안전보건관리체계 구축과 제3자에게 도급 용역 위탁 등을 한 경우 해당 시설, 장비, 장소 등에 실질적으로 지배·운영·관리하는 책임이 있다면 안전·보건 확보 의무를 이행해야 함을 알 수 있다.

안전·보건상 유해 또는 위험의 방지는 '종사자'를 대상으로 하며 종사자는 개인 사업주나 법인 또는 기관이 직접 고용한 근로자뿐만 아니라 도급·용역·위탁 등 계약의 형식과 관계없이 대가를 목적으로 노무를 제공하는 자, 단계별 수급인, 수급인의 근로자와 수급인에게 대가를 목적으로 노무를 제공하는 자 모두를 포함하는 개념으로 본다.(중대산업재해감독과-1947, 2021.12.15.) 따라서 도급 사업의 경우 중대재해처벌법 시행령 제4조 제9호에서 다음과 같이 반영해야 할 내용을 포함하고 있다.

【도급 사업에서 안전보건관리체계 구축시 반영해야 할 내용】

법령 의의	주요내용
도급, 용역, 위탁 등을 받은 자의 산업재해 예방을 위한 능력과 기술에 관한 평가기준·절차	• 산업안전보건법 제61조 (적격 수급인 선정 의무) 산업재해 예방을 위한 조치를 할 수 있는 능력을 갖춘 사업주에게 도급(의정부지방법원 고양지원 2023.10.6. 선고 2023고단3255 판결) • 수급인의 안전보건관리체계 구축 여부, 안전보건관리규정, 작업절차 준수 여부, 안전보건 교육, 위험성평가 참여 • 공사 하도급할 업체 평가 (창원지방법원 통영지원 2024.8.21. 선고 2023고단95, 1448(병합) 판결)
도급, 용역, 위탁 등을 받은 자의 안전·보건을 위한 관리비용에 관한 기준	• 수급인이 사용하는 시설, 설비 등에 대한 안전조치 보건조치에 필요한 비용, 종사자의 보호구 등 구체적 제시 (창원지방법원 통영지원 2024.8.21. 선고 2023고단95, 1448(병합) 판결)

| 건설업 및 조선업의 경우 도급, 용역, 위탁 등을 받는 자의 안전·보건을 위한 공사기간 또는 건조기간에 관한 기준과 절차 마련 | • 충분한 작업기간을 고려한 계약기간 (중대산업재해감독과-1726, 2021.11.22.) |

※ 참조: 판례 및 질의회시 등을 재정리함(2021.8)

Tip, 꼭 알아 두기

「도급시 산업재해예방 운영지침 (2020.3)」 및 질의회시 주요 내용을 재정리하면 다음과 같음

가. 산업안전보건법상 도급의 기본 구조

〈도급의 기본 구조〉

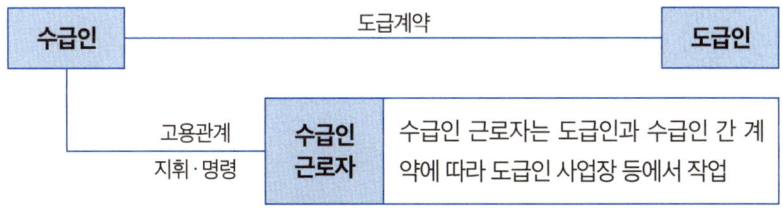

※ 참조: 개정된 산업안전보건법과 고용노동부, 「도급시 산업재해예방 운영지침(2020.3)」을 재정리함

나. 건설공사를 도급하는 경우 「산업안전보건법」 도급, 발주 구분
☞ 건설공사를 도급하는 경우 도급을 준 공사의 시공을 주도하여 총괄·관리한다면(자기공사자) 도급인 책임을, 그렇지 않다면 건설공사 발주자 책임을 지게 됨, 이때 공사의 시공을 주도하여 총괄·관리

하는지 여부는 당해 건설공사가 사업의 유지 또는 운영에 필수적인 업무인지, 상시적으로 발생하거나 이를 관리하는 부서 등 조직을 갖췄는지, 예측 가능한 업무인지 등을 다양한 요인을 종합적으로 고려하여 판단(중대산업재해감독과-594, 2022. 2. 17.)

<도급인 및 발주자의 구분>

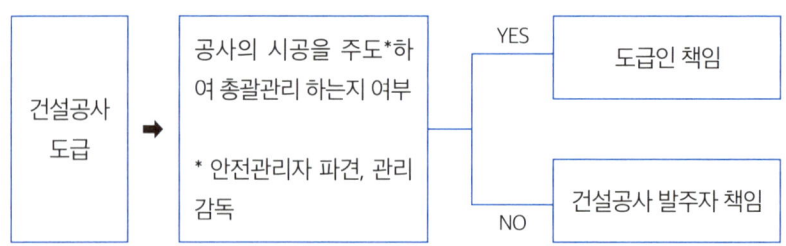

※ 참조: 개정된 산업안전보건법과 고용노동부, 「도급시 산업재해예방 운영지침(2020.3)」을 재정리함

다. 시설물의 유지·보수공사를 도급하는 경우
○ 수리·보수 또는 정비 공사가 도급을 준 업체와 공동으로 작업을 한 경우에는 그 작업을 총괄하는 것으로 도급인의 책임을, 상시적으로 발생하는 수리·보수도 도급인의 책임을 지게 됨
 - 제조업체에서 공무팀 주관하에 보일러 교체공사 일부를 도급한 후 그 제조업체와 도급받은 업체가 공동으로 시공하는 경우
 - 상시적으로 발생하는 컨베이어 부품 교체 등 장치를 수리·보수하는 경우
○ 건설공사 등 업무를 도급하는 경우에 도급하는 자가 그 공사를 총괄·관리하지 않는 것으로 볼 수 있다면 건설공사 발주자 책임을 지게 됨

- 건축물의 신축·증축, 재개발, 리모델링 공사를 건설업자에게 도급하는 경우
○ 대규모 산업(석유화학업종, 철강업종 등)에서 대정비·대보수 공사를 할 때, 건설공사를 도급하는 자가 공사의 시공을 주도하여 총괄·관리하는지 여부에 따라 건설공사 발주자 또는 도급인 여부를 판단

라. 기계설비 등의 설치·해체 또는 정비·수리공사를 도급하는 경우
○ 발전소에서 컨베이어벨트 경상정비 및 기계 정비·수리를 기계설비 업체에 도급을 주어 그 업체가 발전소에 상주하여 작업을 하는 경우에는 건설공사에 해당하지 않아 도급하는 사업주는 도급인 책임을 지게 됨
☞ 산업용 기계·장비 및 용품을 전문적으로 수리·유지하는 산업활동에 해당하여 산업용 기계 및 장비 수리업(제조업)에 해당
☞ 도급하는 업무가 관련법상 건설공사에 해당하여 건설공사 계약을 체결한 경우라 하더라도, 계약의 명칭이나 형식이 아니라 계약의 내용 및 수행방법 등을 보아 도급하는 사업주가 실질적으로 그 공사의 시공을 주도하여 총괄·관리하는 경우 도급인 책임을 지게 됨
○ 사용하지 않는 보일러·플랜트 해체, 기존에 설치된 물탱크 교체 등 기계설비를 설치, 교체 또는 해체하는 경우
☞ 도급하는 자가 그 공사의 시공을 주도하여 총괄·관리하는 특별한 경우가 아니라면 건설공사 발주자 책임을 지게 됨

○ 제조업체에서 보일러에 대한 설치·해체와 정비·수리를 합하여 하나의 단가계약 방식으로 도급하는 경우에는 단위작업의 성격에 따라 건설공사 발주자인지 도급인인지 판단

☞ 정비·수리 등 건설공사가 아니면 도급인 책임, 설치·해체 등 건설공사이면서 그 시공을 주도하여 총괄·관리하는 경우 도급인 책임, 건설공사에 해당하나 시공을 주도하여 총괄·관리하지 않는다면 건설공사 발주자 책임을 지게 됨 여부에 따라 건설공사 발주자 또는 도급인 여부를 판단

7. 중대재해처벌법 위반 판례분석

고용노동부는 유관기관 협업을 통한 안전보건이 상대적으로 취약한 소규모 사업장·건설 현장에 대해 공단 및 민간 위탁을 통한 직접 기술지도 실시를 하고 있다. 즉 안전보건교육 지원을 통한 사업주의 안전의식을 높이는 다각적인 제도를 시행하고 있고 간편한 위험성평가 제도 등 다양한 행정적 지원을 노력하고 있음에도 불구하고 중대재해는 계속 발생하고 있다. 2022년부터 발생한 재해 유형을 보면 떨어짐(추락), 끼임, 부딪힘 순으로 나타나고 있어 이를 추정하면 떨어짐 사고는 건설업이 대부분이고, 끼임, 부딪힘 사고는 제조업에서 많이 발생함을 알 수 있다.

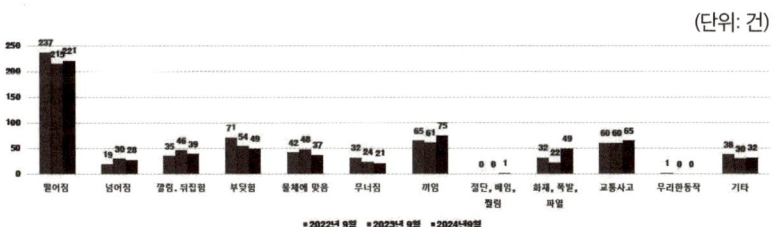

【재해유형별 중대재해 현황】

* 출처: 고용노동부 2022~2023년 9월 말 기준 산업재해 현황

경영책임자의 안전보건 확보 의무 불이행에 대한 판례는 산업안전보건법 위반이 매개되고 있다. 즉 중대재해처벌법이 적용되는 사업장에서 사망사고가 발생하는 경우 경영책임자는 산업안전보건법 위반으로 하는 2차적인 인과관계가 성립되어야 하고 중대산업재해 발생과 산업안전보건법상의 안전조치 의무 위반과 사이에서 직접적 인과관계로 인하여 중대

재해처벌법 제6조의 책임이 따르고 있다.

   결과적으로 산업안전보건법에서 사업주의 직접적인 안전보건 조치 의무 위반이 발생하는 것으로 산업안전보건법 제38조(안전조치), 제39조(보건조치) 제63조(도급인의 안전조치 및 보건조치)의 위반 그 자체가 책임이 따르고 있다. 따라서 중대산업재해가 발생한 경우 산업안전보건법상 안전조치 보건조치 의무 위반이 존재하고 추가적으로 경영책임자의 안전보건 확보 불이행이 현장에서 안전보건 조치를 하지 않는 것이다. 안전보건 확보의무 위반과 중대산업재해 사이의 인과관계에서 산업안전보건법의 위반이 매개로 한 법원의 1심 판례 유형은 다음과 같다.

【2022년~2024년 중대재해처벌법 위반 판례】

(단위: 건)

경영책임자의 안전보건확보의무		산업안전보건법 안전조치 불이행	
5건 (4.7%)	목표 및 경영방침	14건 (27.5%)	산업안전보건법 제38조 제1항
5건 (4.7%)	전담조직	13건 (25.5%)	산업안전보건법 제38조 제2항
23건 (21.5%)	유해위험 요인 확인.개선절차	11건 (21.6%)	산업안전보건법 제38조 제3항
4건 (3.7%)	예산편성 집행	1건 (2%)	산업안전보건법 제39조
23건 (21.5%)	권한 예산, 평가기준	12건 (23.5%)	산업안전보건법 제63조
3건 (2.8%)	인력배치		
11건 (10.3%)	종사자 의견청취		
10건 (9.3%)	급박한 위험대비 매뉴얼		
9건 (8.4%)	도급,용역,위탁시 평가기준 절차		
6건 (5.6%)	반기1회점검		
4건 (3.7%)	인력배치 예산편성 추가		
3건 (2.8%)	안전보건 교육 반기1회 점검		
1건 (0.9%)	예산확보 교육실시 조치		

* 출처: 대법원

중대재해처벌법이 시행되는 2022년의 초기 판결에서는 사업장에서 경영책임자 등의 안전 및 보건 확보 의무이행을 위한 안전보건관리체계 구축이 마련되지 않아 산업안전보건법에 따른 구체적인 안전·보건 조치를 할 수 없어 사상이 발생하였다는 판결이며 안전보건관리체계 구축 및 반기 1회 점검 및 필요한 조치를 하였다면 사고가 발생하지 않았고 절차 마련 시 산업안전보건법의 구체적인 안전·보건조치 이행이 가능하다는 것이다.

중대재해처벌법 시행령 제5조 및 제4조 제1호~제9호 위반에 대하여 정리하면 다음과 같다. (인천지방법원 2023. 6. 23. 선고 2023고단651 판결, 서울북부지방법원 2023. 10. 12. 선고 2023고단2537 판결, 의정부지방법원 고양지원 2023. 4. 6. 선고 2022고단3255 판결, 대구지방법원서부지원 2023. 11. 9. 선고 2023고단1746 판결, 부산지방법원 2023. 12. 21. 선고 2023고단1616 판결, 대구지방법원서부지원 2023. 11. 17. 선고 2023고단593 판결 등)

【2022년~2024년 중대재해처벌법 위반 판례】

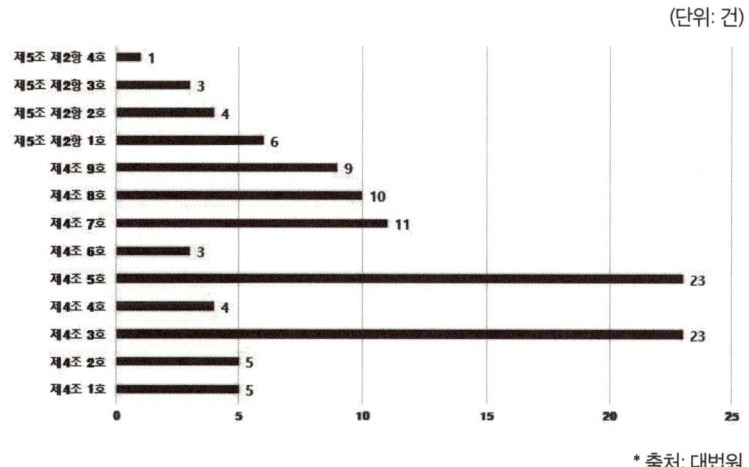

(단위: 건)

* 출처: 대법원

2023년 중대재해처벌법 위반 관련 판례는 시행령 제4조 제3호 및 제5호 위반에 대해 더욱더 구체적으로 설명하였다. 법원은 "유해·위험요인을 확인·개선하는 데 안전보건 절차서가 형식적으로 마련되었고 사업장 특성을 마련하지 않아 일반적인 절차서만 나열하였다"라고 판결하였고, "경영책임자가 반기 1회 이상 점검 및 필요한 조치를 취하지 아니하였고, 안전보건관리책임자 등의 충실한 업무수행을 위한 조치를 하지 않았고 권한과 예산, 평가기준, 경영책임자가 반기 1회 이상 평가하거나 관리하지 아니한 결과 산업안전보건법에서 규정하는 안전·보건 조치가 불가능하다"라고 판결하였다. (의정부지방법원 고양지원 2023. 4. 6. 선고 2022고단3255 판결, 대구지방법원서부지원 2023. 11. 9. 선고 2023고단1746 판결, 부산지방법원 2023. 12. 21. 선고 2023고단1616 판결)

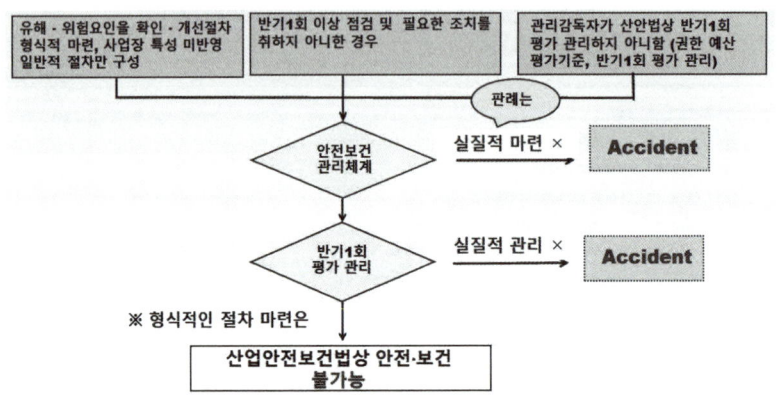

* 출처: 대법원

중대재해처벌법 시행령 제4조 제1호 판결에서 "안전·보건 목표와 경영방침 설정 관련하여 반복적인 재해 등에도 불구하고 이를 감소하기 위한 경영적 차원에서 노력이나 구체적인 대책 방안 등이 반영되어야 한다"라고 판단하였고(춘천지방법원 2024.8.8. 선고 2022고단1445 판결) "안전보건관리책임자 등의 충실한 업무수행 지원 관련하여 사업장의 안전보건관리책임자로서 도급인의 근로자와 관계 수급인 근로자의 산업재해를 예방하기 위한 업무를 총괄하여 관리하는 사람(안전보건총괄책임자)이므로, 이들에 대한 평가 항목에는 산업안전보건법에 따른 업무수행 및 그 충실도를 반영할 수 있는 내용이 포함되어야 하고, 평가 기준은 이들에 대한 실질적인 평가가 이루어질 수 있도록 구체적 세부적이어야 한다"라고 판단하였다. (춘천지방법원 2024.8.8. 선고 2022고단1445 판결)

결국 구체적인 대책 마련과 실질적인 평가 기준이 마련되지 아니한 경우에는 실질적인 안전보건관리체계 구축으로 볼 수 없고 현장에서 산업재해를 예방할 수 없는 것으로 해석할 수 있다.

특히, 청주지방법원 2024.9.10. 선고 2023고단1464 판결에서는 "도급인은 산업안전보건법 제63조 등 관련 규정에 따라 이러한 안전조치 의무가 제공되고 있는지를 확인하고 수급인으로 하여금 이를 제공하게 하거나 직접 이를 근로자에게 제공하도록 하여야 하고, 사업장의 특성에 따른 유해·위험요인을 확인하고 개선하는 업무 절차에는 유해·위험 작업 시 작업의 중단, 실효성 있는 안전 확보 방안의 마련과 검토가 포함되어야 할 업무 절차에서 구체적인 내용을 포함하여야 하나 제출된 위험성 평가 자료는 안전보건 정보 조사가 수치상으로 기록되고 담당자의 위험성 감소 대책이 간략하게 되어 실효성 있는 검토가 어떻게 되었는지 파악할 수 있는 자료가 없다"라고 중대재해처벌법 시행령 제4조 3호의 위반을 판단하였다.

위 판례들을 보아 사업장에서 마련한 안전보건 절차의 규정들이 실효성 있는 업무절차가 되어야 함을 판단하므로 사업장에서는 구체적이고 세부적인 안전보건 관리체계구축을 하여야 함을 시사한다.

8. 산업안전보건법과 중대재해처벌법 비교

중대재해처벌법의 위반은 상당인과관계를 검토하고 있고 경영책임자 등이 중대재해처벌법에서 정한 안전보건 확보 의무를 다하지 못한 경우에 위반 여부를 판단하고 있다. (창원지방법원 마산지원 2023.8.25. 선고 2023고합8 판결)

【법원의 주요 판례 분석】

A (중대재해처벌법 절차마련)	B (산업안전보건법 위반)
• 유해·위험요인을 확인하여 개선하는 업무 절차를 미리 마련하여 두고 • 안전·보건에 관한 업무를 총괄·관리하는 전담조직을 실효성 있게 구성하였다면 사고는 예방	• 유해·위험요인을 확인하여 개선하는 업무절차를 미리 마련하여 두고, 안전·보건에 관한 업무를 총괄·관리하는 전담 조직을 실효성 있게 구성하여 운영하였다면, 미리 위험성을 파악하여 산업안전관리 법령에서 정한 안전조치가 충분히 이루어진 상태에서 이 사건 작업이 진행될 수 있었을 것으로 보임(청주지방법원2024.9.10.선고 2023고단1464 판결)
• 안전보건관리책임자, 관리감독자가 해당업무를 충실하게 수행하는지를 평가하는 기준을 마련하지 아니함 • 전체 종사자로부터 의견을 듣는 절차를 제대로 마련하지 아니하거나 이를 제대로 안내·홍보하지 아니함	• 관리감독자가 해당 업무를 충실하게 수행하는지를 평가하는 기준을 마련하지 아니한 결과 - 추락 사망사고 등 산업재해가 발생하는 것을 방지하기 위한 사전 및 현장 관리·감독 및 안전조치 업무를 각 제대로 이행하지 않도록 하고 - 현장에서 근로자가 추락하는 위험을 예방하기 위한 추락방호망 설치 ……중간생략…… 등의 개선방안이 수립 시행되지 않도록 함(창원지방법원 통영지원 2024.8.21.선고, 2023고단 95, 2023고단 1448병합, 춘천지방법원2024.8.8.선고 2022고단 1445)

위 판례에서 A → B의 흐름을 살펴보면 중대재해처벌법상의 절차 마련(안전보건관리체계구축)을 하지 않아 산업안전보건법상 업무수행을 하지 않았다. 결국 절차를 마련하였다면 산업안전보건법상 업무를 수행하여 안전사고는 예방하였다는 형태로 볼 수 있다.

이는 2차적인 인과관계가 있음을 설명할 수 있고, 안전보건 확보 의무 위반이 산업안전보건법에서 안전보건 조치 의무 위반, 중대산업재해 발생으로 이어진다. 2차적 인과관계 도해는 다음과 같다.

【2차적 인과관계 도해】

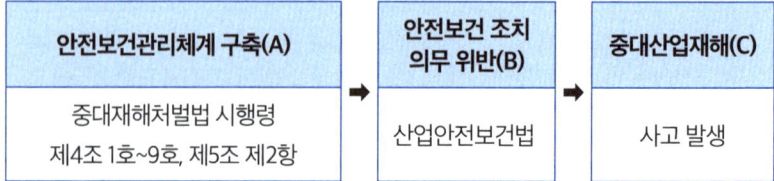

따라서 2차적 인과관계 도해는 다음과 같이 (A) → (B) → (C) 흐름에서 (A) → (B) 관계는 2차적 인과관계이고, (B) → (C)는 직접적 인과관계로 설명할 수 있다.

도급인과 수급인과의 관계는 산업안전보건법상 의무에서 설명된다. 도급인은 사업장의 유해·위험요인을 가장 잘 알고 있으므로 도급인 사업장에서 작업하는 자신의 근로자와 관계 수급인 근로자의 산재 예방을 위하여 안전·보건의 시설의 설치 등 필요한 안전·보건조치 의무가 부여되며 수급인은 자신의 사업을 영위하기 위해 인력을 채용하고 도급인으로부터 부여된 업무를 수행하므로 직접적인 안전조치 주체가 된다. 일반적으로 도급인과 수급인의 관계에서 산업안전보건법상 벌칙 조항 및 행위자를 특정한 내용은 다음과 같다. (대법원 2009. 5. 28. 선고 2008도 7030 판결, 대법원 2016. 12. 29. 선고 2016도16409 판결)

【중대재해 발생시 적용되는 법률 조항】

적용법조	적용법조
산업안전보건법 제167조(벌칙) 산업안전보건법 제173조(양벌규정)	사망 (도급사업주 포함)
산업안전보건법 제168조(벌칙) 산업안전보건법 제173조(양벌규정)	중대상해
산업안전보건법 제168조(벌칙) 산업안전보건법 제173조(양벌규정)	사업주 안전보건조치
산업안전보건법 제169조(벌칙) 산업안전보건법 제173조(양벌규정)	도급인 안전보건조치

* 출처: 법원 판례, 해설서 및 고용노동부 2020.1.16. 개정된 산업안전보건 법령 해설 등 참조하여 재정리함

산업안전보건법 제167조(벌칙), 제168조(벌칙), 제169조(벌칙), 제173조(양벌규정)에 대한 행위자를 특정하면 산업안전보건법상 안전보건관리책임자(법 제15조, 공장장, 현장소장 등), 관리감독자(법 제16조, 직장, 반장), 안전관리자(법 제17조), 보건관리자(법 제18조), 안전보건관리담당자(법 제19조)이다.

중대산업재해가 발생하는 경우 근로기준법상 근로자가 해당하지 아니한다는 이유로 산업재해 조사에서 제외되는 것은 아니다. 중대재해처벌법 제2조(정의)에서 근로자, 노무를 제공하는 자, 관계 수급인 등을 종사자로 규정하여 그 보호 대상으로 하고 있기 때문이다. (춘천지방법원 2024. 8. 8.

선고 2022고단1445 판결) 이와 관련하여 고용노동부 질의회시는 "중대재해처벌법 제5조는 사업주나 법인 또는 기관이 제3자에게 도급, 용역, 위탁 등을 행한 경우 사업주 또는 경영책임자 등이 제3자의 종사자에게 같은 법 제4조의 안전 및 보건 확보 의무를 하도록 규정하고 있고 이때 제3자에는 산업안전보건법상 특수형태근로종사자 등 노무를 제공하는 모든 사람이 포함되므로 개인사업주도 포함된다."라고 질의회시 했다. (중대산업재해감독과-1947, 2021. 12. 15.)

즉, 중대재해처벌법 시행령 제4조 제9호는 제3자에게 업무의 도급, 용역, 위탁 등(이하 '도급 등')을 하는 경우 개인사업주 또는 경영책임자등으로 하여금 종사자의 안전·보건을 확보하기 위한 기준과 절차를 마련하고, 이에 따라 도급 등이 이루어지는지 반기 1회 이상 점검하도록 규정하고 있으므로 '제3자'는 특수형태근로자 등 개인사업주가 포함되므로, 특수형태 근로자 종사자에게 도급 등을 하는 경우에도 중대재해처벌법 시행령 제9호 각 목에 따른 기준과 절차를 마련하여 그에 따라 도급 등을 하여야 한다."라는 내용이다. (중대산업재해감독과-1947, 2021. 12. 15.) 참고로 법원은 산업안전보건법 위반 사건에서 고의의 존재와 및 의무 위반과 산업재해 발생 사이에서 상당인과관계가 인정되는 경우에 한정하여 형사적 책임을 인정하고 있다. (대법원 2016. 3. 24. 선고 2015도8621 판결, 대법원 2016. 7. 22. 선고 2016도3749 판결 등)

Tip, 꼭 알아 두기

■ 산업안전보건법 벌칙

산업안전보건법 제167조(벌칙)	안전·보건 조치
① 제38조 제1항부터 제3항까지(제166조의2에서 준용하는 경우를 포함) 제39조 제1항(제166조의2에서 준용하는 경우를 포함) 또는 제63조(제166조의2에서 준용하는 경우를 포함)를 위반하여 근로자를 사망에 이르게 한 자는 7년 이하의 징역 또는 1억원 이하의 벌금 ② 제1항의 죄로 형을 선고받고 그 형이 확정된 후 5년 이내에 다시 제1항의 죄를 저지른 자는 그 형의 2분의 1까지 가중	제38조(안전조치) 제39조(보건조치) 제63조(도급인의 안전조치 및 보건조치)

산안법 제168조(벌칙)	안전·보건 조치
다음 각호의 어느 하나에 해당하는 자는 5년 이하의 징역 또는 5천만원 이하의 벌금 1. 제38조 제1항부터 제3항까지(제166조의2에서 준용하는 경우를 포함), 제39조 제1항(제166조의2에서 준용하는 경우를 포함), 제51조(제166조의2에서 준용하는 경우를 포함), 제54조 제1항(제166조의2에서 준용하는 경우를 포함), 제117조 제1항, 제118조 제1항, 제122조 제1항 또는 제157조 제3항(제166조의2에서 준용하는 경우를 포함)을 위반한 자 2. 제42조 제4항 후단, 제53조 제3항(제166조의2에서 준용하는 경우를 포함), 제55조 제1항(제166조의2에서 준용하는 경우를 포함)·제2항(제166조의2에서 준용하는 경우를 포함) 또는 제118조 제5항에 따른 명령을 위반한 자	제38조 제1항부터 제3항까지(제166조의2에서 준용하는 경우 포함) 제39조 제1항(제166조의2에서 준용하는 경우 포함) 제51조(사업주의 작업중지) 제54조(중대재해 발생 시 사업주의 조치) 제117조(유해·위험물질의 제조 등 금지) 제118조(유해·위험물질의 제조 등 허가) 제122조(석면의 해체·제거) 제157조(감독기관에 대한 신고) 제42조(유해위험방지계획서의 작성·제출 등) 제53조(고용노동부장관의 시정조치 등) 제55조(중대재해 발생 시 고용노동부장관의 작업중지 조치) 제118조(유해·위험물질의 제조 등 허가)

산안법 제169조(벌칙)

다음 각호의 어느 하나에 해당하는 자는 3년 이하의 징역 또는 3천만원 이하의 벌금
1. 제44조 제1항 후단, 제63조(제166조의2에서 준용하는 경우를 포함한다), 제76조, 제81조, 제82조 제2항, 제84조 제1항, 제87조 제1항, 제118조 제3항, 제123조 제1항, 제139조 제1항 또는 제140조제1항(제166조의2에서 준용하는 경우를 포함한다)을 위반한 자
2. 제45조 제1항 후단, 제46조 제5항, 제53조 제1항(제166조의2에서 준용하는 경우를 포함한다), 제87조 제2항, 제118조 제4항, 제119조 제4항 또는 제131조제1항(제166조의2에서 준용하는 경우를 포함한다)에 따른 명령을 위반한 자
3. 제58조 제3항 또는 같은 조 제5항 후단(제59조 제2항에 따라 준용되는 경우를 포함한다)에 따른 안전 및 보건에 관한 평가 업무를 제165조 제2항에 따라 위탁받은 자로서 그 업무를 거짓이나 그 밖의 부정한 방법으로 수행한 자
4. 제84조 제1항 및 제3항에 따른 안전인증 업무를 제165조 제2항에 따라 위탁받은 자로서 그 업무를 거짓이나 그 밖의 부정한 방법으로 수행한 자
5. 제93조 제1항에 따른 안전검사 업무를 제165조 제2항에 따라 위탁받은 자로서 그 업무를 거짓이나 그 밖의 부정한 방법으로 수행한 자
6. 제98조에 따른 자율 검사프로그램에 따른 안전검사 업무를 거짓이나 그 밖의 부정한 방법으로 수행한 자

제2장
주요 재해 유형별 산업안전보건법 위반 특정 및 예방대책

1. 건설기계 등 작업

　제2장에서는 중대재해처벌법 시행 이후 발생한 주요 사고유형에 따른 법 위반 특정 및 예방과 대책에 관해 기술하고자 한다.

　앞장에서 중대재해처벌법 위반에 대한 판례는 2차적 인과관계 및 직접적 인과관계가 있다고 설명한 바 있다. 이와 관련하여 주요 작업에서 중대재해가 발생한 사례를 기술하고자 한다. 필자는 2022년 초 건설 현장에서는 차량계 건설기계작업시 재해가 발생한 현장을 살펴본 적 있다. 기인물은 건설기계로서 작업 중 과다한 적재와 안전조치 미흡으로 사고가 발생한 것이다. 통계적으로 건설업에서 사고 사망자는 약 20%가 건설기계 장비에 의한 사고이므로 관리감독자는 작업계획서를 작성하여 작업자에게 설명하거나 작업 진 짐김 및 정비가 필요한 경우 조치를 하도록 산업안전보건기준에 관한 규칙에서는 정하고 있다.

　참고로 차량계 건설기계란 동력원을 사용하여 특정되지 아니한 장소로 스스로 이동할 수 있는 건설기계를 말하며 흔히 볼 수 있는 도저형 건설기계, 모터 그레이더, 로더, 굴착기, 항타기나 항발기, 덤프트럭, 콘크리트 펌프카, 천공용 건설기계 등이고 산업안전보건기준에 관한 규칙 제196조에서 정의하고 있고【별표6】에서 정하는 17가지이다.

위 차량계 건설기계를 사용할 때는 산업안전보건기준에 관한 규칙에 따라서 전조 등의 설치, 낙하물 보호구조, 전도 등의 방지, 접촉 방지, 건설기계 이송 시 안전 수칙, 승차석 외 탑승 금지, 차량계 건설기계가 넘어지거나 붕괴될 위험 또는 붐·암 등 작업 장치가 파괴될 위험을 방지하기 위하여 그 기계의 구조 및 사용상 안전도 및 최대 사용하중을 준수, 주용도 외의 사용 제한, 붐 등의 강하에 의한 위험방지, 수리 등의 작업 시 작업순서를 결정하고 작업을 지휘하도록 관련 법령에 의무화되어 있다.

또한, 차량계 건설기계는 산업안전보건기준에 관한 규칙 제38조에서 사전조사 및 작업계획서 작성의 대상으로 해당 작업, 작업장의 지형·지반 및 지층 상태 등을 조사하고 그 결과를 기록·보존해야 하며, 조사 결과를 고려하여 작업계획서를 작성하고 그 계획에 따라 작업을 하도록 해야 한다.

따라서 사업장에서 관리감독자가 챙겨야 할 사전조사 및 작업계획서는 산업 안전보건 기준에 관한 규칙【별표4】를 이행하면 된다. 가령 굴삭기 작업을 하는 경우 해당 기계의 굴러떨어짐, 지반의 붕괴 등으로 인한 근로자의 위험을 방지하기 위한 해당 작업장소의 지형 및 지반 상태를 사전에 조사하여야 하고 건설기계의 운행경로, 작업 방법, 건설기계 종류 및 성능 등을 작업계획서에 작성하여 신호수 등 근로자들과 작업 내용을 공유하면서 작업을 하여야 한다. (광주지방법원 2024. 9. 26. 선고. 2024고단1482 판결) 건설기계 등 작업시 사고유형은 다양하므로 기인물과 가해물에 대해 기술하기에는 어려운 점이 있으나 일반적인 사항에서 사고유형에 따른 법 위반 사항 및 예방대책은 다음과 같다.

【법 위반 사항 및 예방대책】

사고유형	작업내용	법 위반	예방대책
전도 협착 충돌	중량물 작업 중 사고	산업안전보건기준에 관한 규칙 제20조, 제38조 11호 중량물작업 제39조, 제40조	• 출입금지 • 작업계획서 작성 • 작업지휘자 지정 • 신호
감전 (충전전로 인근에서 작업)		산업안전보건기준에 관한 규칙 제332조	• 고압선 절연방호 설비 • 절연보호구 착용 • 접근한계 거리 확인 • 붐을 올린 상태에서 운행금지

※ 일반적인 사고 내용에 대해 법 위반 및 예방대책을 설명함

차량계 건설기계 사고에 대하여 법원은 "굴착기를 사용하여 작업에서 중대 산업재해가 발생의 경우 작업 시 유도자가 배치되어 있지 않았음에도 협착의 위험이 있는 통로에 대해 출입 통제하는 등 조치를 취하지 아니하였고 굴착기 작업반경 내에 보행하는 작업자가 있는지 제대로 확인하지 아니한 채 굴착기를 회전하는 과실로 재해자가 협착하게 되었다"라고 판결하였고 "안전대책으로 작업장으로 통하는 장소 또는 작업장 내에 근로자가 사용할 안전한 통로를 설치하여 항상 사용할 수 있는 상태로 유지하여야 하고, 근로자의 위험을 방지하기 위한 작업계획서를 작성하고 그 작업계획에 따라 작업을 하여야 하고, 운전 중인 해당 차량계 건설기

계에 접촉되어 근로자가 부딪힐 위험이 있는 장소에 근로자의 출입을 통제하거나 유도자를 배치해야 한다"라고 판결하였다. (창원지방법원 마산지원 2023.8.25. 선고 2023고합8 판결)

또한 위 건설기계 사고와 관련하여 법원은 "사업 또는 사업장의 안전·보건에 관한 목표와 경영방침을 설정하지 아니하여 종사자들이 안전 및 보건에 관한 중요성을 인식하고 실천할 수 있는 실행방법을 제시하지 아니하였고, 재해 예방에 필요한 안전·보건에 관한 인력인 차량계 건설기계 유도자를 배치하는 데 필요한 예산을 편성하지 아니하고, 차량계 건설기계와 근로자의 충돌 위험을 인식하였음에도 이를 개선하지 위해 근로자 출입 통제에 필요한 안전시설비 등을 집행하도록 예산을 관리하지 아니하고 안전보건관리책임자 등이 업무를 충실히 수행할 수 있도록 평가하는 기준을 마련하지 않아 안전보건관리책임자 등이 공사 현장에서 건설기계에 의한 협착 위험을 적절히 평가하고 안전사고를 방지하기 위한 접근제한 등 조치를 아니하고, 협착사고 등 중대산업재해가 발생할 급박한 위험이 있을 경우 대비한 작업중지, 위험요인 제거 등 대응조치에 관한 매뉴얼을 마련하지 아니하여 안전보건관리책임자로 하여금 작업을 중지하거나 즉시 위험요인을 제거하는 등 대응조치를 할 수 없게 만들었다"라고 판결하였다.

위 판례에서 시사하는 바로 중대재해처벌법 제4조 제1항 제1호의 경영책임자 등의 「재해 예방에 필요한 인력 및 예산 등 안전보건관리체계의 구축 및 그 이행에 관한 조치」 의무는 시행령 제4조 각호에서 규정한 바와 같이 '사업 또는 사업장' 전반에 걸쳐 안전을 경영의 목표로 설정하여 개별 현장에서 산업안전보건법에서 규정한 구체적이고 기술적인 「안전·보건 조치」가 제도로 작동될 수 있도록 조직·인력·예산 등에 대한 종합적인 관리시스템을 구축하여 이행토록 하는 것이다.

판례에서는 부작위와 결과 사이의 인과관계를 확정하기 위해서는 작위의무를 이행하였다면 그 결과가 발생하지 않았을 것이라는 관계가 인정될 때 그 작위를 하지 않은 부작위와 사망의 결과 사이에 인과관계가 있는 것으로 보고 있기 때문이다. 이와 관련하여 대법원 2015. 11. 12 선고, 2015도6809 전원합의체 판결에서 "작위의무를 이행하였다면 그 결과가 발생하지 않았을 것이라는 관계가 인정될 때 그 작위를 하지 않은 부작위와 사망의 결과 사이에 인과관계가 필요한 것"으로 보고 있다. 차량계 건설기계 작업에서 인과관계를 도출하면 다음과 같이 설명할 수 있다.

【법 위반사항 및 2차적 인과관계 도해】

구분	중대재해처벌법 안전·보건확보의무 위반	산안법 안전조치 의무위반	결과
위반사항	• 유해 위험요인 확인·개선절차 마련하지 않음 • 안전보건관리책임자 등 평가 기준 마련하지 않음 • 종사자 의견 청취 절차가 마련되지 않음	• 작업지휘자 미배치 • 작업계획서 미작성 • 출입금지 미실시	사상
책임 주체	경영책임자, 법인	안전보건관리책임자, 법인	

법원은 "중대재해처벌법위반(산업재해치사)죄에 있어서도 경영책임자의 안전확보의무 위반이 중대산업재해의 발생 및 이로 인한 피해자의 사

망에 대하여 유일한 원인이거나 직접적인 원인이어야 하는 것은 아니고, 다른 원인이 개재되어 그것이 사고 발생의 원인이 되었다고 하더라도 그것이 통상 예견할 수 있는 것에 지나지 않는다면 안전확보 의무 위반과 중대산업재해 사이의 인과관계를 인정할 수 있다고 할 것이다"라고 판결하였다. (의정부지방법원 2024.8.27. 선고, 2024고단4 판결)

즉, 경영책임자의 안전보건 확보 의무를 이행하지 않아 산업안전보건법에서 규정하는 안전조치 및 보건 조치를 할 수 없어서 중대산업재해가 발생한 것으로 2단계 인과관계가 형성된다.

2. 차량계 하역운반기계 작업

차량용 하역운반기계는 지게차, 구내운반차, 고소작업대, 화물자동차이다. 산업안전보건기준에 관한 규칙 제10절에서는 차량계 하역운반기계 등을 사용하는 작업을 할 때 그 기계가 넘어지거나 굴러떨어짐으로써 근로자에게 위험을 미칠 우려가 있는 경우에는 그 기계를 유도하는 사람을 배치하고, 지반의 부동침하 및 갓길 붕괴를 방지하려는 조치, 접촉의 방지, 화물적재 시의 조치, 주용도 외의 사용 제한, 허용하중 초과 제한, 수리 등의 작업 시 조치, 싣거나 내리는 작업에서 작업순서 작업 방법을 정하고 작업을 지휘하거나 근로자가 아닌 사람이 출입을 금하는 등 안전조치를 하도록 규정하고 있고 일반적으로 다음 사고 유형일 경우 법 위반 및 예방대책은 다음과 같다.

【법 위반사항 및 예방대책】

사고유형	작업내용	법 위반	예방대책
지게차 전도	중량물 작업 중 전도사고	산업안전보건기준에 관한 규칙 제32조, 제38조 제11호, 중량물작업 제39조 작업지휘자 지정	• 보호구 지급 • 작업계획서 작성 • 작업지휘자 지정 • 지게차 조정 자격자에 한하여 운전조치 • 지게차 작업장소에서 조도확보(75LUX)

※ 일반적인 사고 내용에 대해 법 위반 및 예방대책을 설명함

철골 설치 공사에서 고소작업대를 사용하여 철골 보 볼트 조임 작업을 진행하면서 고소작업대를 11미터 상승시킨 후 철골 옆 외부 계단 참으로 건너가 볼트 등 작업 준비물을 놓고 고소작업대로 넘어오던 중 추락한 사망 사건 관련 법원은 "고소작업대 사용에 대한 사전조사 및 작업계획서를 작성하지 아니하였고, 안전대를 안전하게 걸 수 있도록 안전대 걸이를 하지 않았고, 작업자가 고소작업대에 탑승한 작업에 대해 관리 감독을 하지 아니한 결과 사고가 발생하였다"라고 판단하였다. (대구지방법원서부지원 2024. 2. 7. 선고 2022고단2940 판결) 위 판례 시사점으로 법원은 외부 계단에 난간 설치가 되어 있는 상황에서 근로자들이 상부 작업을 할 수 있도록 계획하였다거나 고소작업대에 대한 작업계획서를 작성하는 조치를 미리 취하였다면 이 사건의 추락사고는 피할 수 있었거나 적어도 재해자가 사망에 이르지 않았다고 보아 사망 사이에 상당인과관계도 인정하였다.

3. 양중기 작업

산업안전보건기준에 관한 규칙 제9절에서 정하는 양중기란 크레인(호이스트 포함), 이동식 크레인, 리프트(이삿짐 운반용 리프트의 경우에는 적재하중이 0.1톤 이상인 것으로 한정) 곤돌라, 승강기가 해당한다고 설명하고 있다.

양중기 작업에서 가장 많이 발생한 사고에서 크레인 작업의 경우 작업 시 안전조치사항으로 △인양할 하물(荷物)을 바닥에서 끌어당기거나 밀어내는 작업을 하지 아니할 것 △고정된 물체를 직접 분리·제거하는 작업을 하지 아니할 것 △미리 근로자의 출입을 통제하여 인양 중인 화물이 작업자의 머리 위로 통과하지 않도록 할 것 △인양할 짐이 보이지 아니한 경우에는 어떠한 동작도 하지 아니할 것을 산업안전보건기준에 관한 규칙에서 정하고 있다.

따라서 크레인을 사용하는 작업 시 산업안전보건기준에 관한 규칙【별표2】에서 정하는 관리감독자의 유해·위험 방지를 위한 직무를 수행이 필요하므로 작업 방법과 근로자 배치를 결정하고 그 작업을 지휘하는 일, 재료의 결함 유무 또는 기구 및 공구의 기능을 점검하고 불량품을 제거하는 일, 작업 중 안전대 또는 안전모의 착용 상황을 감시하는 일을 하여야 하고 작업 시작 전 점검 사항으로 권과 방지 장치·브레이크·클러치 및 운전 장치의 기능, 수행로의 상측 및 트롤리(trolley)가 횡행하는 레일의 상태, 와이어로프가 통하고 있는 곳의 상태를 점검해야 한다. 사고유형에 따른 법 위반 및 예방대책은 다음과 같다.

【법 위반사항 및 예방대책】

사고유형	작업내용	법 위반	예방대책
맞음, 끼임	크레인 작업 시 맞음, 리프트 작업 시 끼임	산업안전보건기준에 관한 규칙 제32조, 제35조, 제38조 제3호 차량계 건설기계를 사용하는 작업, 제39조, 제40조	• 보호구 착용 • 관리감독자 유해 · 위험 방지 업무 • 작업계획서 작성 • 작업지휘자 배치 • 보호구 착용 • 신호

※ 일반적인 사고 내용에 대해 법 위반 및 예방대책을 설명함

4. 기계·정비 수리 작업

제조업에서 가장 많은 사고는 기계·기구의 방호장치가 되지 않아 발생한 경우이다.

산업안전보건기준에 관한 규칙 제87조는 기계·기구 및 그 밖의 설비에 의한 위험 예방을 위해 원동기·회전축·기어·풀리·플라이휠, 벨트와 체인 부위에 덮개·울·슬리브 및 건널다리 등을 설치하도록 규정하고 있다

특히, 분쇄기·파쇄기·마쇄기·미분기·혼합기 및 혼화가 등을 가동하거나 원료가 흩날리거나 하여 근로자가 위험해질 우려가 있는 경우에는 덮개 설치나 울 설치가 필요하고 기계의 운전을 시작할 때 근로자가 위험해질 우려가 있으면 근로자 배치 및 교육, 작업 방법, 방호장치 등 필요한 사항을 미리 확인한 후 위험방지를 위하여 필요한 조치를 하여야 하고, 공작기계·수송기계·건설기계 등의 정비·청소·급유·검사·수리·교체 또는 조정 작업 또는 그 밖에 이와 유사한 작업을 할 때 근로자가 위험해질 우려가 있으면 해당 기계의 운전을 정지한 상태에서 작업을 하여야 한다.

기계의 운전을 정지한 경우는 다른 사람이 그 기계를 운전하는 것을 방지하기 위하여 기계의 기동장치에 잠금장치를 하고 그 열쇠를 별도 관리 감독자가 관리하거나 정비에 대한 표지판을 설치하거나, 기계·기구 및 설비 등의 내부에 압축된 기체 또는 액체 등이 방출되어 근로자가 위험해질 우려가 있는 경우에는 압축된 기체 또는 액체 등을 미리 방출시키는 등 위험방지를 위하여 필요한 조치를 하여야 한다. 사고유형에 따른 법 위반 및 예방대책은 다음과 같다.

【법 위반사항 및 예방대책】

사고유형	작업내용	법 위반	예방대책
끼임(협착) 재료에 맞음	기계·기구 정비 작업	산업안전보건기준에 관한 규칙 제92조, 제93조, 제94조 제97조	• 작업 시 기계 운전 정지 • 기동장치에 잠금장치 및 표지판 설치 • 기체 또는 액체 등을 미리 방출 • 작업모 착용 • 보호구 착용 • 볼트·너트 풀림 방지 • 방호장치 해체 금지 • 보호구 착용

※ 일반적인 사고 내용에 대해 법 위반 및 예방대책을 설명함

필자는 기계·기구 방호장치에서 산업재해 발생이 많음을 인식하고 이러한 환경적 요인으로 자발적 비자발적 일자리 이동과 어떤 관계가 있는지 연구해 본 적 있다.

제조업에서 안전관리자, 관리감독자 등을 대상으로 산업재해 발생 요인을 분석한 결과 작업환경에 의한 산업재해는 안전시설 미투자, 근로자 불안전한 작업, 안전관리 미흡 등으로 발생하고 있고 일자리 이동 요인에 해당하는 것으로 위험기계·기구는 24.8%, 화학물질 21.7%, 정신 심리적 위험 17.2%, 물리적 위험 13.4% 순으로 나타났고 위험 기계·기구에 의한 절단·베임·찔림, 작업 불안전으로 인한 넘어짐, 부딪힘, 떨어짐으로 나타나 일자리 장기근속 유도를 위한 작업 환경개선이 시급함을 설문 조사를 통해 알게 되었다.

5. 전기 작업

전기공사 작업 시 중대재해 발생은 감전사고이다. 제조업 현장에서 감전으로 인한 재해를 여러 번 확인한 적 있고, 고소작업대를 탑승하여 고압선 하부에서 작업 중 감전에 의한 사고 현장을 확인해 본 적 있다. 전기작업은 감전 위험이 있으므로 특별한 전기안전 관련 자격을 요구하고 있다. 따라서 「유해·위험작업의 취업 제한에 관한 규칙」 제3조에 따른 자격·면허·경험 또는 기능을 갖춘 사람이 작업을 하여야 하나 현장에서는 인력 수급이 되지 않아 무자격자에게 작업을 하도록 하여 사고가 발생하는 경우가 있다.

산업안전보건기준에 관한 규칙 제321조에는 근로자가 충전 전로를 취급하거나 그 인근에서 작업할 때는 충전 전로를 방호, 차폐하거나 절연 등의 조치를 해야 하고, 근로자의 신체가 전로와 직접 접촉하거나 도전재료, 공구 또는 기기를 통하여 간접 접촉되지 않도록 하고, 충전 전로를 취급하는 근로자에게 그 작업에 적합한 절연용 보호구를 착용하거나 해당 전압에 적합한 절연용 방호구와, 근로자에게는 활선작업용기구 및 장치를 사용하도록 해야 하고, 접근 한계거리 이내로 접근하지 않도록 하거나, 지상의 근로자가 접지점에 접촉하지 않도록 조치하도록 규정하고 있다.

일반적으로 전기공사 작업 시 안전조치 불이행으로 인한 사고에 대한 법 위반 및 예방대책은 다음과 같다.

【법 위반사항 및 예방대책】

사고유형	작업내용	법 위반	예방대책
감전	충전전로에서 전기작업 및 충전전로 인근에서 차량, 기계작업	산업안전보건 기준에 관한 규칙 제319조, 제322조	• 해당 전로차단 • 접근 한계거리 이내 접근 하지 않도록 조치 • 유자격자에 의한 전기작업 • 절연용 보호구 사용, 절연용 방호구 설치 • 충전전로 접근 한계거리 유지 • 감시인 배치

※ 일반적인 사고 내용에 대해 법 위반 및 예방대책을 설명함

6. 비정형 작업 및 혼재 작업

비정형 작업이란 표준화된 반복성 작업이 아닌 일상적이지 않은 상태에서 작업이 이루어지는 정비, 청소, 검사, 수리, 교체 등 작업이다. 이러한 위험의 특성은 특정한 기계, 설비에 국한하지 않고 돌발적인 차량용 하역운반기계 작업에서도 발생한다.

필자는 2021년경 차량계 하역운반기계에서 사고를 확인하고 비정형 작업에서 사고 예방을 위한 안전조치는 무엇인가를 생각해 보았다. 도급인의 사업장에 수급인이 들어와서 화물자동차에 물건을 상차하는 작업을 하였고 다수 근로자가 작업을 하고 있었던 중 화물이 쏟아져 재해가 발생한 것이다. 이러한 작업은 반복적인 것이 아니고 수시 작업이고 긴급으로 하던 중 발생한 것으로 현장에서 안전조치를 할 수 있는 방법이 나타나지 않았다. 사고 이후에 다수 전문가가 개선방안을 마련하였고 안전하고 효율적인 방법으로 차량에 둥근 모형의 재료를 싣기 이전 사각의 틀에 넣어 굴러가지 않도록 하는 방안이 도출되어 이후부터는 더욱 안전하게 작업하는 좋은 아이디어였다.

2023년 중대재해 발생한 현장에서도 여전히 생산의 효율을 위해서 기계설비의 전원 미차단이나 방호장치를 해체하고 작업하여 발생한 다수의 사고를 확인한 적 있다. 이러한 사고가 발생한 가장 큰 이유는 작업환경이 개선되지 아니한 상태에서 더 많은 제품을 생산하기 위한 설비시스템이 가장 큰 문제점이고 휴먼 에러를 예방하고 근로자 중심의 안전을 고려한 설계시스템으로 개선되어야 한다는 점에 대해 전문가들은 지적하고 있다.

필자가 경험한 사고 중 제조업에서 발생한 사례로 국적이 다른 다수의 외국인이 많이 있었고 외국인들은 다수 작업들이 혼재된 복합적이고 복잡한 작업 시스템에 대해 빠른 이해가 되지 않았던 점을 확인하였다.

특히, 정비 등의 작업 시 운전정지를 하고 작업을 하여야 하고 작업이 완료되면 잠금장치를 해제한 후 작업하도록 안전 관리기법을 마련하여 운영해야 하나 이러한 안전조치들이 마련되지 아니하여 안전사고가 발생한 것이다.

위에서 설명한 잠금장치란 전기 잠금장치, 밸브 잠금장치, 스위치 잠금장치 등 다양한 형태가 있을 수 있고 이러한 잠금장치는 제3자의 재가동을 방지하거나 작업이 완료된 이후 관리감독자들이 판단하여 시운전을 명확하게 하는 방법이다.

따라서 산업안전보건기준에 관한 규칙 제92조 제2항에는 기계의 운전을 정지한 경우에 다른 사람이 그 기계를 운전하는 것을 방지하기 위하여 기계의 기동장치에 잠금장치를 하고 그 열쇠를 별도 관리하거나 표지판을 설치하는 등 필요한 방호 조치를 하도록 규정하고 있으므로 관리감독자는 유해·위험방지(규칙 제35조 제1항), 작업시작 전 점검사항(규칙 제35조 제2항), 사전조사 및 작업계획서 내용(규칙 제38조 제1항 관련) 등을 준수하여야 한다.

작업 혼재로 인한 작업의 경우 동일 공간에서 동일 시간대 작업이 있고 동력으로 작동되는 기계·설비 등의 작업 내용을 분석하고 작업 혼재로 인한 안전조치 등을 고려해야 한다.

필자는 다수의 사고 현장을 보아 경험적으로 가장 안전한 기본적인 예방대책으로는 국적이 같은 근로자와 함께 근무하게 하고 작업숙련도를 높이도록 안전교육을 강화하는 방법을 추천하고 싶다. 비정형 혼재 작업 시 사고유형에 따른 법 위반 및 예방대책은 다음과 같다.

【법 위반사항 및 예방대책】

작업 종류	작업 분석	대안마련	예방대책
동력으로 작동되는 기계 설비 등	동일공간 동일시간 작업 여부	• 유해 · 위험 요인 발굴 • 위험성평가	• 이동식 크레인 인양 경로 내 작업 금지 • 작업지휘자 배치 등 • 크레인 등 장비 점검(권과방지장치, 훅 해지장치 등) • 작업장 낙하물 방지 • 중량물 적재 영향 범위 내 작업확인 등
차량계 하역운반기계 건설기계 출동작업			
중량물 추락 및 맞음			

※ 일반적인 사고 내용에 대해 법 위반 및 예방대책을 설명함

Tip. 꼭 알아 두기

■ 작업허가제

ㅇ (비정형 작업) 작업선정 → 안전작업허가서 신청 → 안전조치 확인(안전부서 허가·승인 또는 작업부서 소관 상급자 작업 내용 현장확인) 및 허가 → 관리감독자 감독 및 확인

* 비정형 작업 내용 허가서 보존 및 최초 신규 근로자 교육자료 활용

ㅇ (시운전) 작업자 기계 등 정비, 수리 완료 보고 → 관리감독자 현장확인 → 기계 등 정비 상태확인 및 주변 시스템 정비(문제점 발견 시 보완) → 잠금장치(기동장치) 해제 → 잠금장치 및 표지판 제거 →

기계 가동

- 전원차단 및 시운전
○ (전원차단) 준비 및 공지 → 전원차단 및 잔류에너지 확인 → 잠금장치(기동장치) → 작업표지판 설치(전원이 차단 및 통제가 됨을 표시) → 기계 등 수리 정비
○ (시운전) 작업자 기계 등 정비, 수리 완료 보고 → 관리감독자 현장 확인 → 기계 등 정비 상태 확인 및 주변 시스템 정비(문제점 발견 시 보완) → 잠금장치(기동장치) 해제 → 잠금장치 및 표지판 제거 → 기계 등 가동

제 2 편

중대재해처벌법 해설

제3장
용어의 정의 및 주요 판례

1. 중대산업재해처벌법에서 사업주, 종사자, 경영책임자 의미

　중대재해처벌법 제2조 제7호에서는 종사자에 대한 정의로 근로기준법 상의 근로자, 도급 용역 위탁 등 계약의 형식과 관계없이 그 사업의 수행을 위하여 대가를 목적으로 노무를 제공하는 자, 사업이 여러 차례의 도급에 따라 행하여질 때는 각 단계의 수급인 및 수급인과 '가' 목 '나' 목의 관계에 있는 자로 설명하였다.

　근로기준법상의 근로자는 근로기준법 제2조에서 "직업의 종류와 관계없이 임금을 목적으로 사업이나 사업장에 근로를 제공하는 사람"이라고 정하고 있고, 직업의 종류, 정신노동·육체노동·사무노동, 상용·일용·임시직·촉탁직 등 근무 형태, 직종·직급 등을 불문하고 사용종속관계 아래서 근로를 제공하는 것으로 보고 있다.

　판례는 사용종속 아래에서 근로 제공은 업무의 내용이 사용자에 의하여 정하여지고 업무의 수행과정도 구체적으로 지휘·감독을 받는지 여부, 근로자가 업무를 수행하면서 사용자로부터 정상적인 업무수행 명령과 지휘·감독에 대하여 거부할 수 있는지 여부, 취업규칙, 복무규정, 인사 규정 등의 적용을 받으며 업무수행 과정에서도 사용자로부터 구체적이고 직접적인 지휘·감독을 받는지, 시업과 종업시각이 정하여지거나 사용자의 구속을 받는 근로 시간이 구체적으로 정하여져 있는지 여부, 지급받은 금품이 업무처리의 수수료 성격이 아닌 순수한 근로의 대가인지 여부, 복무위반에 대하여 제재를 받는지 여부, 비품·원자재·작업도구 등의 소유관계, 사회보장제도에 관한 법령 등 다른 법령에 따라 근로자의 지위를 인정받고 있는지 여부, 대체성, 근로 제공 관계의 계속성과 전속성 유무와 정도, 근로소득세의 원천징수 여부 등 보수에 관한 사항, 기본급이나 고정급이 정하여져 있는지 여부 등을 종합적으로 판단하도록 하였다.(대법원 2020.6.4. 선고 2019다 297496 판결)

근로기준법에서 근로자성 판단은 복잡하나 중대재해처벌법에서 종사자에 대한 정의는 다음과 같다.

근로기준법상 근로자, 도급·용역 위탁 등 계약의 형식과 관계없이 그 사업의 수행을 위하여 대가를 목적으로 노무를 제공하는 자, 사업이 여러 차례의 도급에 따라 행하여질 때는 각 단계의 수급인 및 수급인과 근로기준법상의 근로자 또는 대가를 목적으로 노무를 제공하는 자를 설명하고 있다.

경영책임자의 특정은 중대재해처벌법 제2조 제9호 '가' 목 및 '나' 목에서 설명하고 있다. 위 법에서 정한 경영책임자의 경우 사업을 대표하고 사업을 총괄하는 권한과 책임이 있는 사람 또는 이에 준하여 안전보건에 관한 업무를 담당하는 사람과 중앙행정기관의 장, 지방자치단체의 장, 「지방공기업법」에 따른 지방공기업의 장, 「공공기관의 운영에 관한 법률」 제4조부터 제6조까지의 규정에 따라 지정된 공공기관의 장으로 특정되어 있다.

경영책임자 관련 고용노동부 행정해석에서 사업장에서 중대 산업재해가 발생했을 경우, 대표이사, 본사 안전담당 임원, 공장장 중 경영책임자에 해당하는 사람이 누구인지에 대해 "경영책임자 등은 사업을 대표하고 사업을 총괄하는 권한과 책임이 있는 사람이라는 점에서 통상적으로 기업의 경우에는 상법상 주식회사의 경우 그 대표이사, 중앙행정기관이나 공공기관의 경우에는 해당 기관의 장"이 이에 해당한다고 해석하였다. (중대산업재해감독과-1966, 2021. 12. 16.)

경영책임자는 사업의 대표자에 준하여 안전·보건에 관한 업무를 담당하는 사람으로 사업 전반의 안전·보건 확보의무 이행에 관한 최종적 의사 결정권을 가진 사람이고 형식적으로 안전보건담당이사 등 안전보건 업무를 담당하더라도 관련 예산, 인력 조직에 관한 최종 의사 결정권을 위임받은 사람이 아니라면 이에 해당하지 않음을 의미한다.

따라서 중대재해처벌법에서 경영책임자는 안전보건 관리시스템을 구축하는 것으로 안전보건관리체계 구축 및 이행 조치와 안전·보건 법령상 의무이행 관리상 조치를 이행하는 것을 의미하고, 산업안전보건법은 사업주가 직접적이고 구체적인 안전보건 조치를 이행하는 것으로 기계·설비나 위험물질 등에 대한 안전조치와 원재료·가스·위험작업 등에 대한 보건 조치를 의미한다.

TIP. 꼭 알아 두기

【중대재해처벌법과 산업안전보건법 비교】

구분	중대재해처벌법	산업안전보건법
재해 종류	중대산업재해 (산업안전보건법상 산업재해)	중대재해 (산업재해)
의무주체	자연인인 개인사업주 또는 경영책임자, 단) 법인은 양벌규정	
보호대상	종사자 : 근로자, 노무제공자, 수급인, 수급인의 근로자 및 노무제공자	근로자, 수급인의 근로자, 특수형태 근로종사자
재해정의	① 사망자 1명 이상 ② 동일한 사고로 6개월 이상 치료가 필요한 부상자 2명 이상 ③ 동일한 유해요인으로 급성중독 등 직업성 질병자 1년 내 3명 이상	① 사망자 1명 이상 ② 3개월 이상 요양이 필요한 부상자동시 2명 이상 ③ 부상자 또는 직업성 질병자 동시 10명 이상
의무내용	【경영책임자 등의 종사자에 대한 안전·보건 확보 의무】 ① 안전보건관리체계의 구축·이행 ② 재해 재발방지 대책의 수립·이행 ③ 중앙행정기관 등이 시정 등을 명한 사항 이행 조치 ④ 안전·보건관련 의무이행에 필요한 관리상의 조치	【안전조치】 ① 위험기계나 폭발성 물질 등 위험 물질 사용 시 ② 굴착·발파 등 위험 작업 시 ③ 추락·붕괴 우려 있는 등 위험 장소에서 작업 시 【보건조치】 ① 유해가스나 병원체 등 위험 물질 ② 신체에 부담을 주는 등 위험 작업 ③ 환기·청결 등 적정기준 유지

* 출처: 중대재해처벌법 및 산업안전보건법을 재정리함

2. 중대재해 및 중대산업재해 정의

　중대재해처벌법 제2조 제1호, 제2호에는 중대재해와 중대산업재해의 용어가 정의되어 있다. '중대재해'란 '중대산업재해'와 '중대시민재해'를 말하고, '중대산업재해'란 「산업안전보건법」 제2조 제1호에 따른 산업재해 중 사망자가 1명 이상 발생, 동일한 사고로 6개월 이상 치료가 필요한 부상자가 2명 이상 발생, 동일한 유해요인으로 급성중독 등 대통령령으로 정하는 직업성 질병자가 1년 이내에 3명 이상 발생으로 정의하고 있다.

　근로감독관 집무규정에서 중대재해 조사는 중대재해(산업안전보건법 시행규칙 제3조)와 근로자의 부상 또는 사업장 인근지역에 피해를 동반한 중대산업사고(산업안전보건법 제44조 제1항 관련) 및 중대산업재해(중대재해처벌법 제2조 제2호) 및 그 밖에 장관 또는 지방관서장이 필요하다고 인정하는 재해를 조사한다. 재해 조사를 종결할 수 있는 것은 산업안전보건법 제3조 단서에 따라 법의 일부 적용 대상 사업장에서 발생한 재해 중 적용조항 외의 원인으로 발생한 것이 객관적으로 명백한 재해, 고혈압 등 개인지병, 방화 등에 의한 재해 중 재해 원인이 사업주의 산안법 위반, 경영책임자 등의 중대재해처벌법 위반에 기인하지 아니한 것이 명백한 재해, 해당 사업장의 폐지, 재해 발생 또는 직업성 질병 발병 후 84일 이상 요양 중 사망한 재해로서 목격자 등 참고인의 소재 불명 등으로 재해 발생에 대하여 원인 규명이 불가능하여 재해조사의 실익이 없다고 지방관서장이 인정하는 재해 등은 조사 대상에서 제외하고 있다.

　참고로 중대재해 특별조사는 집무규정 제26조 제1항에 해당하는 조사 대상 재해 중 중대재해 등이 발생하여 동일한 사업장에서 동시에 3명 이상이 사망하거나 1년 동안에 사망재해가 5건 이상 발생한 경우와 신공법 시공 등에 따른 새로운 형태의 재해로서 예방대책의 수립 및 전파가 필요한 경우 중대재해처벌법 제2조 제7호에 따른 종사자나 인근 다수 주민의 피해가 우려되는 등 조사가 필요하다고 인정될 때 특별조사를 하도록 규정하였다.

3. 안전보건협의체, 노사협의체, 산업안전보건위원회

중대재해처벌법 제4조 제7호는 '안전·보건에 관한 사항에 대해 종사자의 의견'을 듣는 절차를 마련하고, 그 절차에 따라 의견을 들어 재해 예방에 필요하다고 인정하는 경우에는 그에 대한 개선방안을 마련하여 이행하는지를 반기 1회 이상 점검한 후 필요한 조치를 하도록 규정하였다.

안전·보건에 관한 사항에 대해 종사자의 의견을 듣는 절차는 안전보건협의체, 노사협의체, 산업안전보건위원회 등이고 다음과 같다.

【산업안전보건법】

구분	안전보건협의체	노사협의체	산업안전보건위원회
대상	도급인의 사업장에서 작업하는 관계수급인	공사금액 120억원, 토목공사업 150억원 이상 건설업	산업안전보건위원회를 구성, 사업의 종류 및 상시근로자 수는 '별표 9' 참조
내용	도급인과 관계수급인이 안전보건에 관한 중요사항 협의	산업 안전·보건에 관한 중요사항 심의 의결	
구성	도급인 및 그의 수급인 전원	• 근로자위원 - 근로자대표 - 명예산업안전감독관 1명 - 관계수급인 각 근로자대표 • 사용자 위원 - 대표자 - 안전관리자, 보건관리자 - 관계수급인 각 대표자	1. 근로자 대표 2. 명예산업안전감독관 3. 사업장의 근로자

주기	매월	2개월	분기(3월)
근거	산업안전보건법 제64조제1항	산업안전보건법 제75조 제1항	산업안전보건법 제24조 제1항

*출처: 산업안전보건법에서 관련 내용을 재정리함

중대재해처벌법 시행령 제4조 제7호에서 종사자의 의견은 산업안전보건법에서의 안전보건협의체, 노사협의체, 산업안전보건위원회도 포함되나 그 외 사업장의 규모, 특성에 따라 달리 정할 수 있으며 다양한 방법을 중첩적으로 활용하는 것이다. 예를 들어 사내 온라인 시스템이나 건의함을 마련하여 활용할 수도 있고, 사업장 단위 혹 팀 단위로 주기적인 회의나 간담회 등을 개최하여 의견을 개진하여 취합하는 등 의견 제시 절차는 다양한 방법으로 마련할 수 있다고 해석하고 있다. (중대산업재해감독과-1722, 2021. 11. 22.)

산업안전보건위원회의 구성 의무가 산업안전보건법상 없는 사업장에서는 자율적으로 구성·운영하였다면 종사자의 의견을 청취하기 위한 하나의 방법으로 인정될 수 있다고 보았고, 다만 중대재해처벌법 제4조 제7호 의무는 근로자만이 아닌 조직 전체 노무 제공자를 포함한 종사자 전체 의견을 청취하는 것으로 해당 사업장의 근로자만 참여하여 회의를 개최하는 것은 그 의무가 갈음되는 것이 아니라고 해석하였다. (고용노동부 중대산업재해 감독과-2000, 2022. 5. 7.)

판례는 "각 협력 업체. 하수급업체의 현장소장 등이 그 소속 근로자들에게 당일 작업 시 유의할 사항을 일방적으로 전달하는 절차인 TBM(Tool Box Meeting) 역시 사업·사업장의 안전·보건에 관한 사항에 대해 종사자의 의견을 듣는 절차라고 할 수 없다"(창원지방법원 통영지원 2024. 8. 21. 선고 2023고단951448(병합) 판결)라고 판결하였다.

> **TIP, 꼭 알아 두기**
>
> ■ 산업안전보건위원회를 구성해야 할 사업의 종류 및 사업장의 상시근로자 수(산업안전보건법 시행령 제34조 관련)

사업의 종류	사업장의 상시근로자 수
1. 토사석 광업 2. 목재 및 나무제품 제조업; 가구제외 3. 화학물질 및 화학제품 제조업; 의약품 제외(세제, 화장품 및 광택제 제조업과 화학섬유 제조업은 제외한다) 4. 비금속 광물제품 제조업 5. 1차 금속 제조업 6. 금속가공제품 제조업; 기계 및 가구 제외 7. 자동차 및 트레일러 제조업 8. 기타 기계 및 장비 제조업(사무용 기계 및 장비 제조업은 제외한다) 9. 기타 운송장비 제조업(전투용 차량 제조업은 제외한다)	상시근로자 50명 이상
10. 농업 11. 어업 12. 소프트웨어 개발 및 공급업 13. 컴퓨터 프로그래밍, 시스템 통합 및 관리업 13의2. 영상·오디오물 제공 서비스업 14. 정보서비스업 15. 금융 및 보험업	상시근로자 300명 이상

16. 임대업; 부동산 제외 17. 전문, 과학 및 기술 서비스업(연구개발업은 제외한다) 18. 사업지원 서비스업 19. 사회복지 서비스업	
20. 건설업	공사금액 120억원 이상(「건설산업기본법 시행령」 별표 1의 종합공사를 시공하는 업종의 건설업종란 제1호에 따른 토목공사업의 경우에는 150억원 이상)
21. 제1호부터 제13호까지, 제13호의2 및 제14호부터 제20호까지의 사업을 제외한 사업	상시근로자 100명 이상

4. 산업안전보건법상 도급인과 수급인의 안전·보건 조치의무

중대재해처벌법은 산업안전보건법에서 안전·보건 조치 위반에 의율하고 있다. 따라서 도급인은 산업안전보건법 제2절 도급인의 안전조치 보건조치를 해야 한다. 수급인은 종사자를 보호하기 위한 직접적인 안전조치로 산업안전보건법 제38조 안전조치 및 제39조 보건조치가 있고 사업주의 안전·보건조치 적용법조는 산업안전보건법 제168조 및 동법 제173조 양벌규정이 있다. 도급인 안전·보건조치 적용법조는 산업안전보건법 제169조 및 동법 제173조 양벌규정을 적용한다. 사업주에게 적용되는 산업안전보건법의 직접적인 안전조치 규정은 다음과 같다.

【산업안전보건법에 따른 직접적 안전조치 규정】

산업안전보건법 제38조(안전조치)	산업안전보건법 제39조(보건조치)
① 위험으로 인한 산업재해를 예방 1. 기계·기구, 그 밖의 설비에 의한 위험 2. 폭발성, 발화성 및 인화성 물질 등에 의한 위험 3. 전기, 열, 그 밖의 에너지에 의한 위험 ② 굴착, 채석, 하역, 벌목, 운송, 조작, 운반, 해체, 중량물 취급, 그 밖의 작업을 할 때 불량한 작업방법 등에 의한 위험 예방 ③ 각 호의 어느 하나에 해당하는 장소에서 작업 시 예방을 위한 필요한 조치 1. 근로자가 추락할 위험이 있는 장소 2. 토사·구축물 등이 붕괴할 우려가 있는 장소	① 건강 장해를 예방하기 위하여 필요한 조치 1. 원재료·가스·증기·분진·흄·미스트·산소결핍·병원체 등에 의한 건강 장해 2. 방사선·유해광선·고온·저온·초음파·소음·진동·이상기압 등에 의한 건강 장해 3. 사업장에서 배출되는 기체·액체 또는 찌꺼기 등에 의한 건강 장해 4. 계측감시, 컴퓨터 단말기 조작, 정밀공작 등의 작업에 의한 건강 장해

3. 물체가 떨어지거나 날아올 위험이 있는 장소 4. 천재지변으로 인한 위험이 발생할 우려가 있는 장소	5. 단순반복작업 또는 인체에 과도한 부담을 주는 작업에 의한 건강 장해 6. 환기·채광·조명·보온·방습·청결 등의 적정기준을 유지하지 아니하여 발생하는 건강 장해

* 출처: 산업안전보건법을 재정리함

중대재해처벌법 제6조는 개인사업주 또는 경영책임자 등이 제4조 또는 제5조의 안전 및 보건 확보 의무를 위반하여 종사자를 중대산업재해에 이르게 한 경우에 위반으로 보고 있다. 중대재해처벌법은 개인사업주나 법인 또는 기관이 실질적으로 지배·운영·관리하는 사업 또는 사업장에서 일하는 모든 종사자에 대한 안전 및 보건 확보 의무를 부과하고 있으므로, 도급인의 사업장에서 수급인의 근로자가 중대산업재해가 발생할 때 도급인과 수급인 각각의 개인사업주 또는 경영책임자 모두 처벌 대상이 될 수 있다고 해석하였다. (중대산업재해감독과-336, 2022. 1. 26.)

상시근로자 5명 이상인 도급업체 아래 여러 차례 하도급 된 업체가 있는 경우 모든 하도급업체 근로자에 대해 안전 및 보건 확보 의무에 대해 중대재해처벌법 제4조 및 제5조에 따라 개인사업주 또는 경영책임자는 종사자의 안전 및 보건 확보 의무를 하여야 하며, 같은 법 제2조 제7호상 종사자 해당한다면 사업이 여러 차례 도급에 따라 도급인의 사업장에서 행하여지는 경우 수급인의 근로자에 대해 도급인은 안전 및 보건 확보 의무를 이행해야 하는 것으로 해석하였다. (중대산업재해감독과-327, 2022. 1. 26.)

만약, 도급인(원청)이 안전 및 보건 확보 의무를 이행했으나 수급인(협력업체)에서 중대산업재해가 발생한 경우 도급인도 중대재해처벌법상 책임을 지는지 여부에 대해서는 중대재해처벌법 제4조에 따라 개인사업주 또는 경영책임자 등은 개인사업주나 법인 또는 기관이 실질적으로 지배·운영·관리하는 사업 또는 사업장에서 종사자에 대한 안전 및 보건 확보 의무를 이행해야 하며 법 제5조에 따라 제3자에게 도급, 용역, 위탁 등을 행한 개인사업주나 법인 또는 기관의 경영책임자 등은 도급, 용역, 위탁 등을 받은 제3자의 종사자에게 중대산업재해가 발생하지 않도록 법 제4조의 조치를 해야 한다.

따라서 수급인 등의 경우 자신의 종사자에 대하여 법 제4조에 따른 의무를, 도급인 등의 경우 자신의 종사자 및 제3자의 종사자에 대하여 법 제4조 및 제5조에 따른 의무를 각 개인사업주 또는 경영책임자가 이행해야 하며, 의무 불이행으로 중대산업재해가 발생한 경우라면 각 개인사업주나 경영책임자 등은 법에 따라 처벌될 수 있고, 수급인 등의 종사자가 사망한 경우 도급인 등의 경영책임자 등이 안전 및 보건 확보 의무를 모두 이행했는지 여부는 수사 결과에 따라 판단해야 한다고 해석하였다.(중대산업재해감독과-1966, 2021.12.16.)

법원은 도급인의 안전·보건 조치 관련하여 "사업의 주목적을 수행하는 데 필수 불가결한 업무를 수행하기 위한 공사이거나, 예산, 인력, 기술적 측면 등을 종합적으로 고려할 때 상당한 전문성을 보유하고 있음에도 예산 절감 또는 위험의 회피 등을 이유로 도급하는 경우(이른바 '위험의 외주화') 사업 일부를 분리하여 도급함으로써 사업의 전체적 진행 과정을 총괄하고 조율할 능력이나 의무가 있는 경우, 작업상 유해·위험 요소에 대한 실질적인 관리 권한이 있고 관계 수급인이 임의로 유해·위험 요소를 쉽게 제거할 수 없는 경우 등의 어느 하나에 해당한다면, 산업안전보건법에 따라 도급사업주의 책임을 부담하는 건설공사 도급인으로 볼 수 있고 구체적 사안에서 위와 같은 기준을 적용함에 있어서는 당사자 사이의 계약 명칭이나 형식 계약 조항의 형식적 문구에 얽매일 것이 아니라 그 실질에 따라 계약의 진정한 목적 및 당사자의 의사, 계약의 전체적인 내용 및 실제 수행 방법, 실행 형태 등을 면밀히 고찰하여 도급하는 사업주가 사업장을 실질적으로 지배·관리하면서 시공을 주도하여 총괄·관리하는지를 규범적으로 판단하여야 한다"라고 판단하였다. (대전지방법원 2024. 4. 4. 선고 2022노2555 판결)

5. 직업성 질병자 의미

중대재해처벌법 제2조 '다' 목에는 직업성 질병에 대해 "동일한 유해요인으로 급성중독 등 대통령령으로 정하는 직업성 질병자가 1년 이내에 3명 이상 발생"으로 규정하고 있다. 같은 법 시행령 제2조에는 직업성 질병자에 대해 "대통령령으로 정하는 직업성 질병자란【별표1】에서 정하는 직업성 질병에 걸린 사람을 말한다"라고 규정하고 있다.

고용노동부는 중대재해처벌법 시행령【별표1】의 '직업성 질병'에서 '노출'의 근거가 근로자 근무 작업장의 작업 환경측정 대상 유해인자 기준인지, 근로자의 개인별 특수건강진단 대상 유해인자 기준인지, 둘 다인지에 대한 해석으로 중대재해처벌법 제2조 제2호 '다' 목에 따른 직업성 질병은 작업 환경 및 일과 관련한 활동에 기인한 건강 장해로서, 중대재해처벌법 시행령【별표1】제13호에 따른 산업안전보건법상 작업 환경 측정 대상 유해인자 중 화학적 인자 및 특수 건강진단 대상 유해인자 중 화학적 인자 등을 포함한 각종 유해·위험 물질에 노출되어 발생하는 질병을 포함하는 것으로 해석하였다.

중대재해처벌법 제2조 제2호 '다' 목에 따른 중대산업재해는 회사(법인) 등 조직 전체에서 동일한 유해요인으로 직업상 질병자가 1년 이내에 3명이 발생한 시점에 발생한 것으로 판단하며, 1년 이내를 판단하는 기산점은 세 번째 직업성 질병자가 발생한 시점부터 역산하여 산정하는 것이라고 해석하였다. (중대산업재해감독과-128, 2022. 1. 12.)

직업성 질병에 대해 법원은 "유해화학물질에 관한 정보를 정확하게 알려 위 세척제를 사용하려는 사람으로 하여금 안전하게 사용할 수 있도록 하여야 할 업무상 주의 의무가 있다"라고 판단(창원지방법원2023. 11. 3. 2022고단1429 판결)하였고 "중대재해처벌법 제6조 제2항, 제4조 제1항 제1호에 대한 위헌성 판단에서 명확성 원칙에 위반된다고 볼 수 없고, 과잉금지 원칙에서 직업수행의 자유를 침해한다고 볼 수 없고, 평등 원칙에서 형법은 원칙적으로 고의범만을 처벌하고, 법률에 특별한 규정이 있는 경우에 한하여 과실범을 처벌할 수 있도록 규정하고 있고 중대재해처벌법 제6조 제2항에 의해 처벌하기 위해서는 안전 및 보건 확보의무 위반에 관한 이들의 고의가 요구된다"라고 판단하고 있고 이에 반하여 교통사고처리 특례법은 과실범을 그 처벌 대상으로 한다는 점에서, 중대재해처벌법과는 그 처벌 대상이 다르다"라고 판단하였다. (창원지방법원 2022초기1795 위헌심판제청)

Tip, 꼭 알아 두기

■ 중대재해처벌법 시행령 [별표 2] 직업성 질병

직업성 질병(제2조 관련)

1. 염화비닐·유기주석·메틸브로마이드(bromomethane)·일산화탄소에 노출되어 발생한 중추신경계장해 등의 급성중독
2. 납이나 그 화합물(유기납은 제외한다)에 노출되어 발생한 납 창백(蒼白), 복부 산통(産痛), 관절통 등의 급성중독
3. 수은이나 그 화합물에 노출되어 발생한 급성중독
4. 크롬이나 그 화합물에 노출되어 발생한 세뇨관 기능 손상, 급성 세뇨관 괴사, 급성 신부전 등의 급성중독
5. 벤젠에 노출되어 발생한 경련, 급성 기질성 뇌증후군, 혼수상태 등의 급성중독
6. 톨루엔(toluene)·크실렌(xylene)·스티렌(styrene)·시클로헥산(cyclohexane)·노말헥산(n-hexane)·트리클로로에틸렌(trichloroethylene) 등 유기화합물에 노출되어 발생한 의식장해, 경련, 급성 기질성 뇌증후군, 부정맥 등의 급성중독

7. 이산화질소에 노출되어 발생한 메트헤모글로빈혈증(methemoglobinemia), 청색증(靑色症) 등의 급성중독
8. 황화수소에 노출되어 발생한 의식 소실(消失), 무호흡, 폐부종, 후각신경마비 등의 급성중독
9. 시안화수소나 그 화합물에 노출되어 발생한 급성중독
10. 불화수소·불산에 노출되어 발생한 화학적 화상, 청색증, 폐수종, 부정맥 등의 급성중독
11. 인[백린(白燐), 황린(黃燐) 등 금지물질에 해당하는 동소체(同素體)로 한정한다]이나 그 화합물에 노출되어 발생한 급성중독
12. 카드뮴이나 그 화합물에 노출되어 발생한 급성중독
13. 다음 각 목의 화학적 인자에 노출되어 발생한 급성중독
    가. 「산업안전보건법」 제125조 제1항에 따른 작업 환경측정 대상 유해인자 중 화학적 인자
    나. 「산업안전보건법」 제130조 제1항 제1호에 따른 특수건강진단 대상 유해인자 중 화학적 인자
14. 디이소시아네이트(diisocyanate), 염소, 염화수소 또는 염산에 노출되어 발생한 반응성 기도과민증후군
15. 트리클로로에틸렌에 노출(해당 물질에 노출되는 업무에 종사하지 않게 된 후 3개월이 지난 경우는 제외한다)되어 발생한 스티븐스존슨 증후군(stevens-johnson syndrome) 다만, 약물, 감염, 후천성면역결핍증, 악성 종양 등 다른 원인으로 발생한 스티븐스존슨 증후군은 제외한다.
16. 트리클로로에틸렌 또는 디메틸포름아미드(dimethylformamide)에 노출(해당 물질에 노출되는 업무에 종사하지 않게 된 후 3개월이 지난 경우는 제외한다)되어 발생한 독성 간염. 다만, 약물, 알코올, 과체중, 당뇨병 등 다른 원인으로 발생하거나 다른 질병이 원인이 되어 발생한 간염은 제외한다.
17. 보건의료 종사자에게 발생한 B형 간염, C형 간염, 매독 또는 후천성면역결핍증의 혈액전파성 질병
18. 근로자에게 건강 장해를 일으킬 수 있는 습한 상태에서 하는 작업으로 발생한 렙토스피라증(leptospirosis)
19. 동물이나 그 사체, 짐승의 털·가죽, 그 밖의 동물성 물체를 취급하여 발생한 탄저, 단독(erysipelas) 또는 브루셀라증(brucellosis)

20. 오염된 냉각수로 발생한 레지오넬라증(legionellosis)
21. 고기압 또는 저기압에 노출되거나 중추신경계 산소 독성으로 발생한 건강 장해, 감압병(잠수병) 또는 공기색전증(기포가 동맥이나 정맥을 따라 순환하다가 혈관을 막는 것)
22. 공기 중 산소농도가 부족한 장소에서 발생한 산소결핍증
23. 전리방사선(물질을 통과할 때 이온화를 일으키는 방사선)에 노출되어 발생한 급성 방사선증 또는 무형성 빈혈
24. 고열작업 또는 폭염에 노출되는 장소에서 하는 작업으로 발생한 심부체온상승을 동반하는 열사병

6. 중대재해처벌법과 산업안전보건법에서 인과관계 및 고의성

고의성 관련하여, 법원은 "중대재해처벌법 위반(산업재해치사)죄가 성립하기 위해서는 사업주 또는 경영책임자 등에게 중대재해처벌법 및 같은 법 시행령에서 요구하는 안전보건 확보 의무가 취해지지 않은 채 사업이 이루어지고 있다는 사실을 알면서 이를 방치한다는 인식과 중대산업재해 발생에 관한 예견가능성이 있었을 것을 요구하는 것으로 법리를 해석하였다. 인과관계 유무 관련하여 중대재해처벌법 제6조에 따라 중대산업재해 사업주 또는 경영책임자 등을 처벌하기 위해서는 사업주 또는 경영책임자 등의 안전보건 확보의무 위반과 중대산업재해의 결과 사이에 상당인과관계가 있어야 하는 것이고, 사업주 또는 경영책임자 등이 안전보건 확보 의무에 따른 조치를 이행하였더라면 종사자의 사망이라는 결과가 발생하지 않았을 것이라는 관계가 인정될 경우에는 그러한 조치를 하지 않은 부작위와 중대산업재해의 결과 사이에 인과관계가 있는 것으로 보아야할 것이라면서 대법원 2015. 11. 12., 2015도6809 전원합의체 판결 등 참조"하여 해석하였다. (창원지방법원마산지원 2023. 8. 25. 선고 2023고합8 판결)

위 판례에서 내용을 정리하면 고의성이 시사하는 바는 중대재해처벌법 시행령 제4조 제3호, 같은 법 시행령 제4조 제8호, 같은 법 시행령 제5조 제2항 제1호의 안전보건 확보 의무를 제대로 이행하였을 경우, 위험성 평가와 안전성 평가를 통해 어떠한 조치를 하였고 이러한 위험성이 사전에 관리되고, 매뉴얼에 따라 재해자가 작업을 중지하고 대응조치를 이행하였을 것이고, 그 결과 중대 재해의 발생을 방지할 수 있었을 것이므로, 안전보건 확보의무 위반과 재해자의 사망 사이에 인과관계를 인정할 수 있는 것으로 해석해 볼 수 있다.

7. 근로감독관 집무 규정

근로감독관 집무규정은 「산업안전보건법」, 「중대재해처벌 등에 관한 법률」, 「산업재해보상보험법」 및 「진폐의 예방과 진폐근로자의 보호 등에 관한 법률」을 담당하는 근로감독관의 직무집행에 필요한 사항을 규정함을 목적으로 하고 있다. 산업안전보건법 관련 주요 내용을 요약하면 다음과 같다.

근로감독관 집무규정 제23조 규정에 따라 재해발생 상황을 파악하여야 하고 지방관서장은 관할 사업장에서 중대재해 등이 발생한 사실을 알게 된 시각부터 24시간 이내에 별지 제8호, 제9호 서식에 따라 팩스 또는 그 밖의 신속한 방법으로 장관에게 보고(제24조)하고 재해조사는 재해 발생 장소를 관할하는 지방 관서의 감독관이 처리하며(제25조) 중대재해처벌법 제2조 제2호 '가' 목의 중대산업재해에 해당하는지 불분명한 사건에 대하여 필요시 수사심의위원회(제26조의2)에 수사 개시 여부 등에 관한 판단을 요청할 수 있다.

재해조사 및 처리에서 최초로 현장을 조사할 때는 재해조사에 필요한 안전보건 교육일지 등의 관련 서류 및 목격자 진술서 등을 확보하도록 노력하고 재해 발생 원인 등을 철저히 조사하고, 재해의 조사 결과 산업안전보건법 및 중대재해처벌법 위반사항을 확인한 경우에는 범죄인지 보고하고 수사를 개시하거나 과태료 부과 등의 조치를 하여야 한다고 설명하고 있다.

재해조사 방법으로는 재해조사 담당 감독관을 담당 지역과 관계없이 순환 등의 방법으로 지정하고 시작 단계에서부터 종료할 때까지 감독관

2명 이상이 조사하도록 하여야 하며, 조사 대상 재해 중 동일한 사업장에서 동시에 3명 이상이 사망하거나 1년 동안에 사망재해가 5건 이상 발생한 경우, 신공법 시공 등에 따른 새로운 형태의 재해로서 예방대책의 수립 및 전파가 필요한 경우, 중대재해처벌법 제2조 제7호에 따른 종사자나 인근 다수 주민의 피해가 우려되는 등 조사가 필요하다고 인정되는 경우 등은 중대재해 등의 특별조사를 실시하는 것으로 규정하고 있다.

작업 중지의 경우 산업안전보건법 제53조 제3항에 따라 작업중지 명령을 할 경우에는 시행규칙 '별지 제27호' 서식에 따른 작업중지 명령서 또는 작업중지 표지를 발부하거나 부착하고, 해당 사업주로부터 작업중지 명령 해제 요청서가 접수되면 감독관으로 하여금 현지 확인을 하도록 하고, 현지를 확인한 결과 개선이 완료되고 추가적인 위험요소가 없다고 판단될 때는 작업중지 명령을 해제하는 것으로 설명하고 있다.

Tip, 꼭 알아 두기

- 근로감독관 집무규정 [별표 2] 감독결과 범죄인지 기준(집무규정 제16조 관련)

법조항	감독구분	즉시 범죄인지 대상
산업안전보건법 제168조부터 제171조까지의 벌칙에 해당하는 법조항 중 나목부터 마목까지에 해당하지 아니하는 법조항 및 진폐법 제10조, 제11조, 제12조, 제16조제1항·제3항, 제21조제1항·제2항, 제22조, 제29조	일반·특별 감독	모든 위반사항
산업안전보건법 제125조제6항	〃	유해인자의 노출기준 초과에 대한 조치 위반사항에 한함
산업안전보건법 제132조제4항 및 진폐법 제21조제3항	〃	직업병 유소견자(D_1) 및 일반질병 유소견자(D_2)에 대한 조치 위반사항에 한함
산업안전보건법 제38조, 제39조, 제63조, 제118조제3항, 제123조제1항	특별감독	모든 위반사항
	일반감독	「산업안전보건기준에 관한 규칙」 중 제2호에 해당하는 조문을 제외한 위반사항
산업안전보건법 제64조제1항·제2항, 제81조, 제108조제2항, 제138조제1항·제2항	특별감독	모든 위반사항
	일반감독	최근 2년 이내에 해당 법조항 위반으로 행정·사법 조치를 받은 위반사항에 한함

8. 건설공사 발주자 정의

산업안전보건법 제2조에는 발주자에 대해 "'건설공사 발주자'란 건설공사를 도급하는 자로서 건설공사의 시공을 주도하여 총괄·관리하지 아니하는 자를 말하고 있고 다만, 도급받은 건설공사를 다시 도급하는 자는 제외한다"라고 정의하였다.

핵심 쟁점은 시공을 주도 총괄·관리하지 아니하면 산업안전보건법상 책임이 없는 것으로 해석되나 시공에 관여한다면 어떻게 되어야 하는지가 관건이다.

고용노동부의 행정해석에서 건설공사 발주자가 중대재해처벌법상 도급인으로서 의무를 이행해야 하는지 여부 관련하여 다음과 같이 회시하였다. "산업안전보건법상 도급인은 건설공사 발주자를 제외하고 있는바(산업안전보건법 제2조 제7호) 중대재해처벌법의 경우 건설공사 도급인이 법 제5조에 따라 제3자의 종사자에게 안전·보건 확보 의무를 이행해야 하는지 여부와 관련하여, 건설공사 발주자가 해당 공사의 안전관리에 개입하였을 경우, 이를 공사 현장에 대한 실질적 지배·운영·관리로 보아 같은 법 제5조를 적용해야 하는지에 대하여는 산업안전보건법상 도급인의 경우 건설공사 발주자를 제외하고 있다(산업안전보건법 제2조 제7호). 건설공사 발주자에 대하여는 도급인과 구분되는 별도의 의무를 정하고 있으나(산업안전보건법 제67조), 중대재해처벌법 제5조에 따른 도급, 용역, 위탁은 법에 별도로 정의하고 있지 않으므로 일반법인 민법상의 규정 등에 따르되, 계약 명칭에 관계없이 실질에 따라 판단하므로, 발주도 민법상 도급의 일종이지만 건설공사 발주자는 도급인과 공사계약을 체결하여 목적물의 완성을 주문하고, 공사기간 동안 종사자가 직접 노무를 제공하는 장소(공사 현장)에 대하여는 실질적 지배·운영·관리를 하지 않는 것이 일반적이므로, 건설공사 발주자가 공사 동안 해당 공사 현장에 대하여 실질적으로 지배·운영·관리를 하였다고 볼 만한 사정이 없는 한 해당 공사 현장의 종사자에 대하여는 법 제4조 또는 제5조에 따른 책임을 부담하지 않는다"라고 해석하였다. 공사 현장에 대한 지배·운영·관리의 구체적인 의미는 무엇인지에 대해서는 "중대산업재해 발생 원인을 살펴 해당 시설이나 장비 그리고 장소에 관한 소유권(사용·수익권이 있는 경우), 임차권, 그 밖에 사실상의 지배력을 가지고 있어 위험에 대한 제어 능력을 가짐으로써 그 시설, 장비, 장소의 운영 및 관리에 대한 법률 또는 계약에 따른 의무를 부담하는 경우를 의미하는 것"으로 해석하였다. (중대산업재해감독과-1709, 2021. 11. 26.)

이와 관련하여 판례는 "도급인과 건설공사 발주자의 구별기준인 '건설공사를 도급하는 자로서 건설공사의 시공을 주도하여 총괄·관리하지 아니하는 자'의 의미는, 법률해석의 일반 원칙에 따라 '시공을 주도하여 총괄·관리한다'라는 문언의 객관적 의미에 충실하되, 산업재해를 예방하고 쾌적한 작업환경을 조성함으로써 근로자의 안전과 보건을 유지·증진함을 목적으로 하는 산업안전보건법의 입법목적 및 개정 전·후의 법률 조항의 내용과 그 해석론, 개정 취지와 개정 내용 등을 종합적으로 고려하여 규범 목적에 부합하도록 해석해야 한다"라고 판단하였다. (대전지방법원 2024. 4. 4. 선고 2022노2555 판결)

제4장
중대재해처벌법 주요 내용

1. 안전·보건에 관한 목표와 경영방침 설정

기업의 안전·보건에 관한 목표와 경영방침은 어떻게 설정하는 것이 바람직한가?

중대재해처벌법 제4조 제2항의 위임을 받아 제정된 시행령 제4조에서는 안전보건관리체계가 구축·이행될 수 있도록 하는 경영책임자 등의 의무를 경영방침, 조직, 안전보건 절차 마련, 권한·예산 부여, 안전보건업무 담당자 배치, 종사자 의견 청취, 유해·위험요인 확인 절차 마련, 사업장 관리 등 의무를 규정하면서 경영책임자 등이 이를 유기적으로 작동하게 하여 산업안전보건법에서 규정한 구체적이고 직접적인 안전보건 조치가 실질적으로 이행될 수 있도록 법률에서 설명하고 있다.

경영책임자가 첫 번째 마련해야 하는 것은 '안전보건에 관한 목표와 경영방침 설정'이다. 고용노동부 중대재해처벌법 해설서(2021. 11.)에서 '목표와 경영방침'은 자율적으로 하되 추상적이고 일반적인 내용에 그쳐서는 안 되고 사업장의 특성 및 유해·위험요인, 규모 등을 고려한 실현 가능한 구체적인 내용을 담아야 한다고 설명하였다.

필자는 그간 중대재해처벌법 업무를 수행하면서 여러 기업의 목표와 경영방침을 보았고 중대재해처벌법 시행령 제4조 1호의 목표설정이 추상으로 설정한 경우와 목표설정 예시가 잘 된 기업 사례를 소개하고자 한다.

A 기업의 목표설정은 '중대재해 ZERO'이고 경영방침은 "안전한 일터조성, 안전한 환경조성, 안전문화 구축"이다.

B 기업의 "목표설정은 '환경안전 운영수준 향상', '산업안전 운영수준 향상'이고, 경영방침으로 1은 인식단계에서는 사업장 내 사고 유형분석을 통해 위험요인을 파악한 후 개선방안을 수립한다. 2는 수립된 개선방안을 토대로 세부적인 위험(risk) 제거 활동을 계획하고 실행한다. 3은 예방단계에서는 고위험요인에 대한 보다 근본적인 대책을 수립하여 새롭게 발생할 수 있는 위험(risk) 요인을 사전 예방하는 것에 집중한다. 4는 대응단계에서는 전 구성원이 안전 활동에 참여하는 안전 문화를 구축하려고 노력한다. 5는 진단단계에서는 사업장의 안전 경영 수준을 파악하고 부족했던 부분에 대한 피드백을 진행한다"라고 사례를 설명하였다.

위 A, B 기업의 목표설정과 경영방침의 차이점은 반복적인 재해를 감소하기 위한 경영 차원에서 노력이나 구체적인 대책 마련이 반영한 점에서 차이점이 있다. 즉 목표를 달성하기 위해 구체적인 추진전략들이 나타나야 하고 달성할 수 있는 내용으로 측정할 수 있거나 성과평가가 가능한 것으로 수립되어야 한다고 생각한다.

판례는 "사업 또는 사업장의 특성 및 규모 등이 반영된 안전·보건에 관한 목표와 경영방침을 실질적·구체적으로 설정하지 않았고 안전보건관리책임자 등으로 하여금 안전 및 보건의 중요성을 인식하게 하고 산업재해를 예방하는 조치를 하도록 하는 기본원칙과 행동 지침을 제시하지 아니함으로써 안전보건관리책임자 등의 안전보건 조치의무 위반을 초래하였다고 볼 수 있다"라고 판단하였다. (창원지방법원 마산지원 2023.8.25. 선고 2023고합8 판결)

  기업의 특성과 규모가 각각 다르나 필자가 생각하는 목표설정 단계에서 참고가 되는 예시는 위험요인 개선 건수, 위험요인·아차사고 발굴 및 신고 건수, 산업재해 감소율, 안전작업절차서 도입·개선 건수, 안전보건 예산·인력 증감률 및 교육 실시 건수 등이고 안전보건 경영방침으로 1. 모든 종사자가 자신의 직무와 관련한 유해·위험요인을 인지하고 제거·대체 및 통제할 수 있도록 교육 및 훈련을 실시한다. 2. 안전보건 활동을 위한 내부 절차를 마련하고 이를 준수한다. 3. 시설물의 유해·위험요인 제거·대체·통제를 위한 충분한 인적·물적자원을 제공한다. 4. 발굴한 유해·위험요인은 반드시 개선한다. 라고 설정한다면 보다 구체적인 표현이라고 생각한다.

  물론 규모가 있는 기업의 경우 안전보건 관련 경영방침, 조직구성 및 인원 역할, 예산편성, 전년도 실적 다음 연도 활동 계획에 대해 이사회 승인을 받아야 하고(산업안전보건법 제14조) 설정된 목표와 경영방침은 반드시 사업장의 종사자에게 명확하고 실효적으로 전달되어야 하고 목표 달성 여부는 수시점검 및 사후평가를 통해 확인해야 한다.

2. 안전·보건 업무를 총괄·관리하는 전담 조직 구성

중대재해처벌법 시행령 제4조에서는 상시근로자 수 500명 이상인 사업 또는 사업장과 시공 능력의 순위가 상위 200위 이내인 건설사업자는 전담 조직을 두어야 하는 것으로 규정하고 있다.

전담조직 구성은 안전 및 보건 확보의무 이행을 위한 조직이고 실질적으로 중대재해처벌법 제4조 및 제5조 업무를 총괄·관리하도록 해야 한다. 필자는 소규모 사업장의 전담조직 안전관리자와 인터뷰하면서 안전 업무뿐만 아니라 공사 입찰 등 계약업무까지 수행한다는 말을 듣고 전담 조직으로서 기능을 하지 못하고 있다는 것을 느낀 적 있다.

A 사업장의 우수사례를 소개하고자 한다. A 사업장은 근로자 수 200명 이내 제조업으로 중대재해처벌법 제정에 대응하기 위하여 안전보건환경(SHE) 경영을 선포하였고 안전관리본부를 신설하여 안전 관련 전문성을 가진 인력을 확충하고 안전 관련 전담 조직을 마련하였다.

즉 근로자 수 500명 이내이므로 전담조직 구성 대상이 되지 않음에도 불구하고 구성하였고, 구성된 전담 안전관리본부는 대표이사 직속 조직으로 산하 부서에 환경안전부와 시설안전부를 두고 안전·보건 관리를 하였다.

조직 구성은 본부장(안전보건책임자) 외 환경안전부, 시설안전부의 전문인력으로 구성되었고 이들 전문인력을 활용해 체계적이고 조직적으로 안전관리를 하고 있고 독립적인 예산을 집행하고 있다. 또한 안전관리본부는 대표이사 직속 조직으로 안전사고 발생 시 빠른 의사결정 및 대응이 가능하여 효율적이고 효과 높은 안전관리체계를 하여 고용노동부 안전보건관리체계구축 우수사례로 선정되었다.

B 기업의 경우 2022년 1월부터 매 근무일 전체 주임 이상 직원들은 출근 후 9시부터 9시 30분까지 '안전 집중 근무제'를 시행하여 안전관련 업무만 전담하도록 하였고, 사내 시스템에 안전 집중 근무제 카테고리를 추가하여 매일 관리하고 점검 내용은 전 사원들에게 공유하여 생산하는 각 팀장에게 전달하여 개선하도록 했다.

위 기업의 시사점은 사업장 규모에 비해 아낌없는 시설 투자와 CEO가 직속으로 운영하는 안전관리 본부를 전담 조직으로 구성하였고, 주임 이상 직원들이 모두 안전관리에 집중하도록 하는 근무제를 실시한 것이다.

위 사례에서 시사하는 바는 기업의 상황에 따라 특성과 규모를 종합적으로 고려한 전담 조직 운영이다. 고용노동부의 중대재해처벌법 해설서에는 전담조직 구성원은 '2명 이상'으로 안전·보건에 관한 업무를 총괄·관리하는 규정을 하고 있지 않으므로 사업 또는 사업장의 특성과 규모 등을 고려하여 중대재해처벌법에 따른 안전·보건업무를 관리할 수 있도록 합리적인 구성된 조직을 두도록 설명하고 있다.

3. 사업장의 특성에 따른 유해·위험요인을 '확인'하여 '개선'하는 업무절차

중대재해처벌법 시행령 제4조 제3호는 "유해·위험요인 '확인' 및 '개선' 업무절차 마련은 업무 분야별 근무환경 등 사업장 특성에 따른 유해·위험요인을 확인·개선하는 업무 절차를 마련하는 것"을 설명하고 있다.

즉, 기업에서 보유하고 있는 유해·위험요인은 적절한 개선 활동을 통해 관리되어야 하며, 현재의 안전·보건 조치에도 불구하고 위험성이 높은 경우 추가적인 안전·보건조치 등 감소대책을 수립하여 개선하여야 하고 개선을 위한 업무추진 적절성, 개선을 추진하는 진행정도, 개선 완료하기까지 경영책임자는 반기 1회 이상 점검하고 필요한 조치를 하는 것을 말한다. 사업 또는 사업장의 유해·위험요인 확인 및 개선에 대한 설명은 다음과 같다.

【사업 또는 사업장의 유해·위험요인 확인 및 개선】

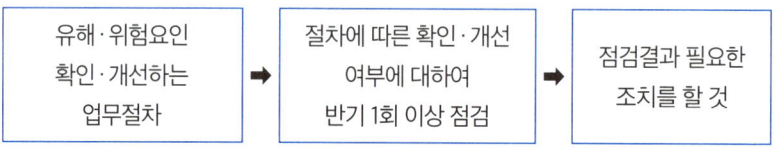

* 출처: 판례를 재정리함(청주지방법원 2024.9.10. 선고 2023고단1464 판결)

필자는 중대재해가 발생한 사업장에 대해 현장 확인을 하면서 위험 기계·기구가 많아 끼임 사고 위험성이 예상되는 사업장임에도 불구하고 방호덮개 설치 등 적절한 조치와 위험성이 감소하도록 관리가 되지 않아 사고가 발생한 사업장을 본 적 있다.

사고가 발생한 사업장은 위험요인이 빈번하게 발생하였고, 이러한 위험요인에 대해 어떤 조치가 필요한 사업장이었다. 위 사례의 사업장에서 안전조치 위반으로 볼 수 있는 것으로 중대재해처벌법 시행령 제4조 제3호에서 유해·위험요인에 대해 '확인' 및 '개선'이고 법원은 다음과 같이 판단하였다.

"중대재해처벌법 시행령 제4조 제3호의 '사업 또는 사업장의 특성에 따른 유해·위험요인을 확인·개선하는 업무절차'는 사업 또는 사업장의 특성에 따른 업무로 인한 유해·위험요인의 확인 및 개선, 대책의 수립·이행에까지 이르는 일련의 절차를 의미하는 것으로서, 경영책임자 등은 위 업무처리 절차가 체계적으로 마련되도록 해야 함은 물론 각 사업장에서 그 절차가 실효성 있게 작동하고 있는지 여부를 주기적으로 점검하고 확인하도록 하는 내부 규정을 마련하는 등 일정한 체계를 구축하여야 하고, 구체적으로, 유해·위험요인을 '확인'하는 절차는 누구나 자유롭게 사업장의 위험요인을 발굴하고 신고할 수 있는 창구를 포함하여 경영책임자 등이 사업장의 유해·위험요인을 파악하는 체계적인 과정을 의미하고, 이러한 확인 절차에는 사업장에서 실제 유해·위험 작업을 하고 있는 종사자의 의견을 청취하는 절차를 포함하여야 하며, 유해·위험요인을 '개선'하는 절차는 확인된 유해·위험요인을 체계적으로 분류·관리해야 한다"라고 판단하였다.(창원지방법원 2023. 11. 3. 선고 2023고단1429 판결)

위험성평가 관련하여 법원은 "산업안전보건법 제36조와 그 위임에 따른 지침이 규정하는 방법과 절차·시기 등에 대한 기준을 반영하지 않고 정비·보수 작업에 대한 위험성 평가 없이 개괄적인 사항에 대한 일반적 절차만 규정하였다"라고 위반으로 판단하였다. (대구지방법원 2024. 1. 16.

선고 2023고단3905) 위 법원 판례에서 시사하는 바는 종사자의 의견 청취를 포함한 유해·위험요인에 관한 확인, 유해·위험요인 확인 시 현재의 위험 작업의 중단, 실효성 있는 안전대책 방안의 마련과 유해 위험요인의 확인하고 개선하는 업무절차의 구체적인 내용으로는 산업안전보건법 제36조, 고용노동부 고시 절차에 따라 수행해야 하고 사업장의 특성에 따른 유해·위험요인 '확인 → 개선 → 점검'하는 절차 순으로 조치되어야 완료되는 것을 의미한다. (고용노동부 해설서 참조)

【유해·위험요인 확인 및 개선】

유해·위험요인 확인	유해·위험요인 개선
• "사업장"에서 발생한 각종 안전사고를 비롯하여 직원 사망사례에 대한 사망원인 분석, 공상 이력 확인 • 사업장의 모든 기계·기구·설비 및 화재·폭발·누출 위험 화학물질 등 현황 파악, 위험요소 세부적으로 확인 ▶ 도급·용역·위탁 등 실태 전수조사 및 청사 내 위험장소·요인 등에 대한 분석	• 사망 및 부상 원인에 대한 심도 깊은 분석을 통해 유해·위험요인을 확인하고 이를 개선하기 위한 절차 마련 • 노무를 제공하는 모든 종사자 및 유지보수 작업, 납품을 위해 일시적으로 출입하는 모든 사람이 제기한 유해·위험요인을 확인하는 절차를 마련하여야 함 • 유해·위험요인에 대한 개선방안이 잘 실천되고 있는지 여부를 반기 1회 이상 점검한 후 점검 결과에 따른 후속조치 실시

* 출처: 판례(창원지방법원 2023.11.3. 선고 2023고단1429 판결) 및 고용노동부 중대재해처벌법 해설서를 재정리함

4. 재해 예방을 위해 필요한 안전·보건 예산편성 및 용도에 맞는 집행

중대재해처벌법 및 해설서에는 재해 예방을 위해 필요한 안전·보건에 관한 인력, 시설 및 장비라는 의미는 안전·보건 관계 법령에서 정한 인력, 시설, 장비를 말하고, 재해 예방을 위해 필요한 인력이란 안전관리자, 보건관리자, 안전보건관리담당자, 산업보건의 등 전문인력뿐만 아니라 안전, 보건관계 법령에 따른 필요한 인력을 의미하는 것으로 설명하였다. 판례의 내용을 종합하여 재해 예방에 필요한 예산편성 및 필요한 조치사항을 정리하면 다음과 같다.

【재해예방에 필요한 예산 편성 및 필요한 조치사항】

예산집행	확인 및 개선	그 밖에 필요한 사항 조치
재해예방을 위해 필요한 안전보건 인력, 시설 장비 구입	유해·위험 요인 확인에 따른 개선	그 밖에 안전보건관리체계 구축 등을 위해 필요한 사항으로 고용노동부장관이 고시한 사항

* 출처: 판례(창원지방법원 마산지원 2023.8.25., 2023고합8)를 재정리함

판례는 "산업안전보건 관리비에 국한하지 않고 관계 법령에 의한 의무적으로 갖추어야 할 인력 시설장비 비용, 평가기준, 위험요인 제거 매뉴얼을 마련하여야 하고 산업안전 보건관리비보다 폭넓은 예산편성 의무 부담이 필요하고 관계 법령에 따라 의무적으로 갖추어야 할 인력 시설 장비의 구비를 위한 비용이 모두 필요하다"라고 판단하였다. (창원지방법원 마산지원 2023.8.25., 2023고합8)

위 판례에서 시사하는 바는 재해 예방을 위해 필요한 안전·보건 예산 편성이 적절하지 않았다라는 것이고 따라서 적격 수급인 선정 시 재해 예방을 위해 필요한 안전·보건 예산편성이 적정하게 되었는지를 살펴볼 필요가 있다는 것이다.

재해예방에 필요한 예산편성 관련하여 안전보건관리체계 구축 우수사례로 선정된 경남지역 A 업체는 "현장에서 근무하는 도급업체는 외부 인력으로 구성돼 수시로 작업 내용이 변하고, 작업하는 사업장의 유해·위험요인에 대한 정보 부족으로 재해에 쉽게 노출되고 있고 비표준, 비일상 작업으로 인해 중대재해 위험이 높은 외부 공사업체의 안전관리를 위해 적격성 평가제도를 도입하여 계약부서에서 수급업체에 대한 POOL을 선정해 주면 안전 환경팀이 적격 수급업체에 대한 평가를 진행해 적격성 통보에서 합격하는 도급업체와 계약을 체결하였다."라고 사례를 설명하였다.

위 사례처럼 수급인과 계약 체결 시 꼼꼼한 적격 수급인 평가를 통해 사업 파트너를 선정하고 선정된 수급인 사업장은 도급인과 함께 현장 안전감독과 순회 점검, 안전 규정 준수 모니터링 등을 통해 안전보건을 이행해야 함을 시사한다. A 기업에서 우수사례로 선정된 업체의 적격 수급인 선정 절차는 다음과 같다.

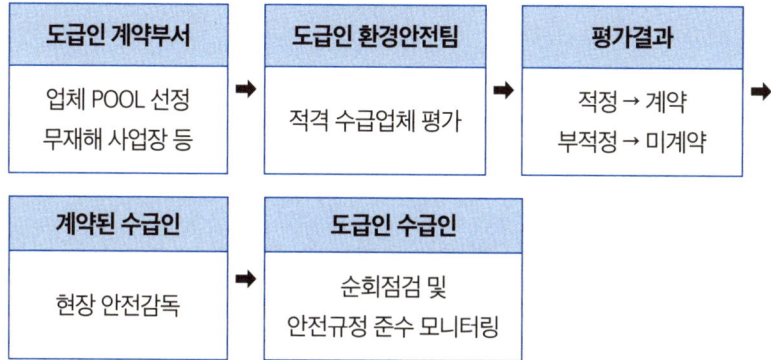

* 출처: 고용노동부 안전보건관리체계 구축 우수사례집 내용을 추가하여 재편집 2022.8.

A 기업의 적격 수급인 선정 사례에서 시사하는 바는 수급인이 도급인의 사업장에서 업무를 수행하는데 재해 예방을 위해 필요한 안전·보건에 관한 인력구성과 안전보건 업무수행을 꼼꼼하게 확인하고 관리하는 것을 알 수 있다.

건설 현장에서 사용하는 산업안전보건 관리비의 편성 및 집행 실적이 있는 경우 중대재해처벌법 시행령 제4조 제4호의 재해예방 등에 필요한 예산편성 및 집행 의무를 이행한 것으로 볼 수 있고 인정되는지 그 여부에 대해 고용노동부는 다음과 같이 행정 해석하였다. "건설업의 경우 산업안전보건법 제72조 및 「건설업 산업안전보건관리비 계상 및 사용기준」 (고용노동부 고시 제2020-63호)에 따른 '산업안전보건관리비 계상기준'을 중대재해처벌법 시행령 제4조 제4호의 기준으로 참고할 수 있다. 다만, 산업안전보건 관리비의 계상은 산업안전보건법상 건설공사 발주자의 의무이고, 중대재해처벌법 시행령 제4조 제4호의 의무는 개인사업주 또는 경영책임자에게 부여된 의무로서 의무주체와 내용 등이 다른 별개의 독립적인 의무이므로, 산업안전보건 관리비 계상기준만이 아니라, 산업안전보건법을 포함한 안전·보건 관계 법령에 따른 의무에 비추어 갖추어야 할 인력, 시설 및 장비의 구비와 유해·위험요인의 개선에 관한 비용 등 재해 예방을 위해 필요한 예산을 편성하고 집행하여야 한다"라고 설명하였다. (중대산업재해감독과-1946, 2021. 12. 15.)

판례는 "인력과 시설을 구비하려면 반드시 그에 상응하는 비용을 지출하여야 하고 산업안전보건 관리비와 별도로 재해 예방에 필요한 안전·보건에 관한 예산을 편성한 사실이 없고, 관련 법령에 따라 의무적으로 갖추어야 할 재해 예방 관련 인력, 시설 및 장비의 구비를 위한 예산이 제대로 집행되었다고 볼 수도 없는 경우 중대해처벌법 위반이다"라고 판단하였다. (창원지방법원 마산지원 2023. 8. 25. 선고 2023고합8 판결)

5. 안전보건관리책임자 등에게 해당 업무수행에 필요한 권한과 예산, 평가기준 마련

필자는 제1편 제1장에서 중대재해 예방은 관리감독자 중심의 안전보건관리체계 구축이다라고 기술한 바 있다. 안전보건관리책임자, 관리감독자 등에게 업무수행에 필요한 권한과 예산을 부여하기 위해서는 안전·보건관리 담당의 업무 역할을 먼저 검토할 필요가 있다. 산업안전보건법에 따른 안전보건관리책임자, 관리감독자, 안전보건총괄책임자의 업무는 다음과 같이 설명할 수 있다.

【산업안전보건법에 정한 업무내용】

안전보건관리 책임자	관리감독자	안전보건총괄 책임자
사업장의 안전보건관리 업무 총괄 안전관리자와 보건관리자 지휘·감독	생산공정 단위의 안전·보건관리 및 소속 직원 지휘·감독	도급인 소속 근로자와 관계수급인의 근로자의 산업재해 예방 업무 총괄·관리

산업안전보건법 제38조에서 안전조치를 직접적으로 수행을 하는 자는 관리감독자이고 관리감독자는 산업안전보건기준에 관한 규칙 제35조 제1항에 해당하는 '관리감독자의 유해·위험방지'【별표2】업무를 수행해야 하고, 동 규칙 제35조 제2항에 의한 작업 시작 전 점검 사항인【별표3】업무를 수행해야 하고, 동 규칙【별표4】사전조사 및 작업계획서 관련 업무를 수행해야 한다.

현장에서 관리감독자가 업무를 수행하지 않는 경우 어떤 문제가 발생하는가?

 산업안전보건법에 따른 직접적인 안전조치를 해야 함에도 불구하고 현장에서 어떠한 조치가 이행되지 않는다면 산업재해가 발생할 수도 있다. 따라서 현장에서 산업안전보건법에 따른 업무수행이 잘 되기 위해서는 평가 기준을 마련하여 관리하는 것이고 또한, 안전보건관리책임자에게 현장에서 안전조치를 위한 직접적인 예산을 집행할 수 있는 권한을 주어야 하고 반기 1회 평가 관리를 통해 안전·보건 업무의 충실도를 살펴보아야 한다.
 안전보건관리책임자 등의 충실한 업무수행을 위한 조치란 중대재해처벌법 시행령 제4조 제5호에서 설명한 업무수행에 필요한 권한 및 예산 부여와 해당 평가 기준 마련과 반기 1회 이상 평가·관리를 말한다.
 중대재해처벌법 시행령 제4조 제5호 '가' 목에 따라 안전보건 관리책임자 등에게 주어야 하는 해당 업무수행에 필요한 권한과 예산의 구체적 의미가 무엇인지 여부에 대해 다음과 같이 고용노동부는 행정해석 하였다.
"산업안전보건법 제15조, 제16조 및 제62조는 안전보건관리책임자, 관리감독자, 안전보건총괄책임자의 업무를 각 규정하고 있는바, 개인사업주 또는 경영책임자 등은 안전보건 관리책임자 등이 각 업무를 충실히 수행할 수 있도록 필요한 권한과 예산을 주어야 한다. 사업장마다 안전보건관리책임자 등의 구체적 업무 내용과 방식, 작업장소 등이 달라 필요한 권한 및 예산을 일률적으로 정할 수는 없으나, 보다 상위 조직의 개별 업무지시 없이 해당 업무를 수행할 수 없거나 예산 부족으로 실질적으로 수행할 수 없는 경우가 발생하지 않도록 하여 법령에 따른 업무수행을 통해 각 사업장의 안전·보건을 확보할 수 있도록 하여야 한다"라고 해석하였다.(중대산업재해감독과-2009, 2021. 11. 22.)

판례는 "안전보건관리책임자가 해당 업무를 충실하게 수행하는지 평가하는 기준을 전혀 마련하지 아니하여, 결국 이 사건 공사 현장에서 중량물을 인양하는 작업과 관련하여 낙하 위험을 적절히 평가하여 안전사고를 방지하기 위한 작업계획을 수립하지 못하게 하였고(의정부지방법원 고양지원 2023. 10. 6. 선고 2023고단3255 판결) 평가 항목에는 산업안전보건법에 따른 업무수행 및 그 충실도를 반영할 수 있는 내용이 포함되어야 하고, 평가 기준은 이들에 대한 실질적인 평가가 이루어질 수 있도록 구체적·세부적이어야 한다"라고 판단하였다. (창원지방법원 2023. 11. 3. 선고 2023고단1429 판결)

필자는 후속 도서로 관리감독자의 업무역량 강화를 위한 관리감독자 평가 기준에 관해 연구 중이다. 필자가 생각하는 것은 관리감독자들이 위험요인으로 생각하는 점과 근로자들이 인식하였던 사항들에 대해 보다 폭넓게 분석하여 사업장에서 산업재해를 예방하기 위한 체계적이고 구체적인 방안들이 제시되어야 하기 때문이다.

가령 관리감독자 안전관리 MODEL 개발과 산업안전보건법상 직무수행과 안전관리 책임의 명확한 점과 서로 상관관계가 있는지, 안전관리 MODEL 개발에서 관리감독자의 산업안전보건법상 직무수행 변수에 안전관리 책임의 명확히 변수를 추가하는 경우 상관관계는 있는지, 이들 변수가 종속변수에 해당하는 산업재해 예방과 안전 문화 및 안전의식 고취에 어떠한 영향을 미치는지에 관한 연구이다.

관리감독자 중심의 현장 안전관리는 영국에서 산업안전보건법 시행령 하위에서 승인행동준칙(Approved codes of practice)이 있고 모범사례를 제시하고 법을 준수하도록 조언하고 있고, 안전보건 관련 법령에 대한 준수의 이해를 돕는 것으로 다양한 영역에서 안전보건 안내서가 발간되고 있기 때문이다. (영국 산업안전보건청, Health and Safety Executive, www.hse.gov.uk)

미국에서의 안전보건 규정은 자율 안전보건 프로그램(Voluntary Protection Program, 이하 'VPP'라 함)과 미국산업위생학회(American Industrial Hygiene Association, AIHA)가 개발한 안전보건관리시스템(Occupational Health and Safety Management System, OHSMS)를 적용하고 있고, 미국의 산업안전보건법 제5조에는 경영자에 대한 의무와 근로자에 대한 책무를 기술하고, 자율 안전보건 프로그램 신청사업장은 정부(OSHA)가 설정한 VPP 기준을 충족하여야 하며 사업주 및 근로자대표의 안전보건 활동에 대한 적극적인 참여와 지원을 포함한 서약서를 제출하는 것으로 기준을 두고 있어 이를 실천하기 위해서는 사업주가 안전보건에 대한 의지가 결여되어서는 안 되기 때문이다.

관리감독자의 안전관리 MODEL 마련함에 있어 학자들은 현장 관리 감독자 및 현장 작업자에 대한 개입을 총 3단계에 걸쳐 실시하여 안전조치를 하고 있고, 1단계에서는 관리감독자 활동에 대한 피드백 관리지표에 대한 목표설정 현장 관찰 훈련하고 2단계는 작업자 교육훈련을 실시하고 3단계에서는 관리자 또는 작업자 관찰 및 현장 안전대화 피드백을 실시한다. (Zhang, &Fang, 2013) 관리감독자의 핵심 안전 지표에 해당하는 것으로 리프트 사용, 고소작업 시 절차 준수, 화기 작업 등 핵심 작업에 대한 관찰, 피드백, 목표설정 등이 포함된 행동 기반으로 안전관리에 개입하여야 한다고 연구 발표하였다. (Guo, Goh, & Wong, 2018) 학자들의 연구는 그간 사례를 통해 실증적 통계적으로 확인되었기에 관리감독자들이 현장에서 업무를 수행하는 데 안전관리 MODEL 구축이 실효성이 있다는 것으로 생각하고 있다. 관리감독자의 안전관리 MODEL에 대해 참조가 되는 문헌은 다음과 같다.

【안전관리 MODEL 구축 관련 선행 연구 자료】

저자(연도)	참조변수	분석방법
Smith, T. D., Eldridge, F., & DeJoy, D. M.(2016).	명확한 안전목표 설정, 효과적 의사소통, 권한위임	요인분석
Wu, T. C., Chen, C. H., & Li, C. C.(2008).	안전협력, 피드백, 의사소통, 안전에 대한 비전과 진정성, 안전에 대한 강조와 책임	상관분석 경로분석
Lu & YANG(2010)	관리, 감독 피드백	계층적 회귀분석
Clarke, S.(2013). S	코칭, 상호작용, 권한위임, 관리, 피드백	이론적 연구
Jane E. Mullen and E. Kevin Kelloway (2009)	안전관련 의사소통, 안전관리 롤모델, 안전목표 성취와 관리자 동기부여, 안전 환경, 안전 참여, 안전규정 준수 등	다별양 분산분석

6. 종사자의 의견을 듣는 절차 마련

안전보건관리체계 의무이행을 위해서는 작업별 위험에 대해 가장 잘 알고 있는 현장 직원의 참여가 필요하다. 실질적으로 각 사업장에서 산업안전보건위원회, 안전·보건협의체 등에서 안전 및 보건에 대해 논의하거나 심의·의결한 경우 해당 종사자의 의견을 청취한 것으로 보고 있고 중대재해처벌법에서 종사자 의견 청취 절차는 다음과 같다.

【경영책임자의 종사자 안전·보건 의견 청취】

안전·보건 절차 마련	의견청취	개선방안	점검 및 조치
안전·보건에 관한 종사자들 의견 청취하는 절차마련	사업 또는 사업장 내 종사자 의견 청취	의견청취 결과 개선에 필요한 개선방안 마련	경영책임자가 반기 1회 이상 이행상황 점검 및 필요한 조치

필자는 중대재해가 발생했던 소규모 사업장의 안전보건관리체계 구축을 살펴본 결과 안전관리자가 중대재해처벌법에 의한 관련 서류는 만들었으나 각 현장에 알리지 않았고 각 현장에서 종사자들의 의견을 듣지 않았던 점을 인터뷰를 통해 확인한 적 있다.

중대재해처벌법 시행령 제4조 제7호는 사업 또는 사업장의 안전·보건에 관한 의견 청취 절차는 산업안전보건법에서 규정하는 산업안전보건위원회(산업안전보법 제24조) 또는 도급인의 안전 및 보건에 관한 협의체(산업안전보법 제64조), 건설공사의 안전 및 보건에 관한 협의체(산업안전보법 제75조) 등 산업안전보건법에 따라 운영 중인 위원회 등이 있는 경우 이를 활용하거나 고용노동부 중대재해처벌법 해설서에 설명한 종사자의 참여 방법을 모색하여 다양한 절차를 마련하여 운영하는 것이다.

현장에서 운영하는 제도를 소개하면 각종 제안 제도 운용, 인트라넷을 통한 게시판 운영, 사업장별 익명 신고함, 아차사고 발굴 제도운영 등이다.

안전보건관리체계 구축 우수사업장 사례로 "A 사업장은 전 직원이 참여해 안전 제안과 위험 요소들을 발굴하고 개선하는 'Safety Map' 프로그램을 진행하였고, 안전 제안 및 안전 순찰 시 확인된 위험 요소를 직장 구성원 모두가 인지할 수 있도록 공정 Lay Out에는 적색 스티커를, 제안사항에 대한 조치가 완료되면 녹색 스티커를 부착하며 이슈를 공유"하도록 하였다.

B 사업장은 "기존의 안전신문고 애플리케이션은 직영 임직원만 사용하고 있었으나, 협력사 직원까지 사용자가 확대되었고 위험요인 발견 시 신고만 가능하던 기능에 제안 기능을 추가하여 신고 접수와 조치가 이루어지도록 한 결과 실시간 불안전 요소 개선과 조치로 중대사고 예방 강화하였다. 또한 안전신문고 애플리케이션을 이용한 우수 신고자와 아이디어 제안자를 월별 매월 수십 명을 포상하여 안전관리 효율성을 증대"시켰다.

건설업의 경우 건설 현장 외에 본사의 종사자 의견도 청취해야 하는지 여부와 건설업의 경우 건설 현장 외에 사무직 근로자만 근무하는 본사의 종사자에 대하여도 중대재해처벌법 제4조 제7호에 따른 종사자 의견 청취 의무를 이행해야 하는지 의견 청취 의무가 있다면, 칭취 방식이나 절차에 제한이 없는지에 관하여 다음과 같이 고용노동부는 질의회시하였다.

중대재해처벌법 시행령 제4조 제7호는 "사업 또는 사업장의 안전·보건에 관한 사항에 대하여 종사자의 의견을 듣는 절차를 마련하고, 그 절차에 따라 의견을 들어 재해 예방에 필요하다고 인정할 때는 그에 대한 개선방안을 마련하여 이행하는지를 반기 1회 이상 점검한 후 필요한 조치를 할 그것이라고 규정하고 있는데, '사업 또는 사업장'이란 경영상 일체를 이루면서 유기적으로 운영되는 기업 등 조직 그 자체를 의미하므로 사업장 전체 모든 종사자라면 누구나 자유롭게 유해·위험요인 등을 포함하여 안전·보건에 관한 의견을 개진할 수 있도록 하여야 하고, 다만 종사자의 의견을 듣는 절차는 사업 또는 사업장의 규모, 특성에 따라 달리 정할 수 있으며, 다양한 방법을 중첩적으로 활용하는 것도 가능하며, 예를 들어 사내 온라인 시스템이나 건의함을 마련하여 활용할 수도 있고, 사업장 단위 혹은 팀 단위로 주기적인 회의나 간담회 등을 개최하여 의견을 개진하여 취합하는 등 의견제시 절차는 다양한 방법으로 마련할 수 있다"라고 행정해석 하였다. (중대산업재해감독과-1722, 2021. 11. 22.)

7. 중대재해 발생 및 급박한 위험대비 매뉴얼

중재재해처벌법 시행령 제4조 제9호는 중대산업재해가 발생하거나 발생할 급박한 위험이 있을 경우를 대비하여 작업 중지, 근로자 대피, 위험요인 제거 등 대응조치, 중대산업재해를 입은 사람에 대한 구호조치, 추가 피해 방지를 위한 조치에 관한 매뉴얼을 마련하도록 규정하였고 중대산업재해 발생시 대비 절차 마련은 다음과 같다.

【중대산업재해 발생 대비한 절차마련 및 조치】

급박한 위험 대비 조치 매뉴얼	해당 매뉴얼에 따라 조치하는지를 반기 1회 점검
• 작업중지, 근로자 대피 및 위험요인 제거 등 대응조치 • 중대산업재해를 입은 사람에 대한 구호조치 • 추가 피해 방지	• 마련된 매뉴얼의 조치 대해 반기 1회 이상 점검

최근 스마트 안전 기술을 연계한 통합 작업안전 감시시스템들이 등장하고 있고 중대산업재해 발생 대비하여 마련된 절차는 매우 다양하다.

안전보건관리체계 구축 우수사례로 선정된 기업 사례에서 중대재해처벌법 시행령 제4조 9호에 해당하는 사항은 다음과 같다.

A 사업장은 "중대재해 또는 급박한 위험 발생 시 대응 절차 또는 중대재해 발생 또는 사망사고 발생 위험 작업에 대해 비상벨 또는 통신설비를 이용하여 작업 중지를 하고 비상 상황을 전파하고 필요시 초기대응으로

감전 사고는 즉시 전원을 차단하거나, 기계에 의한 산업재해는 동력 차단, 인화성 물질 누출의 경우 점화원 발생 억제조치 및 근로자들 접촉금지 등을 하도록 대응 요령의 절차를 마련한 것이다. 마지막으로 긴급대피를 하고 관리감독자에게 보고 또는 위험상황 개선 조치를 하는 것으로 마련"하였다.

 B 기업의 경우 "지능형 영상 분석 시스템을 통해 CCTV 영상정보 분석 통해 위험 상황 탐지(자동 학습)하고, 작업자 위치 관리 시스템을 통해 위험장소 출입 통제하였고, 이동형 CCTV를 통해 무선 기반으로 장소 제약 없이 위험장소 모니터링하여 스마트 안전관리 시스템 구축 운영"하는 기업이 소개된 바 있다.

 C 기업의 경우 "모바일 애플리케이션을 통한 비상 연락체계를 구축하여 비상상황 발생 시 신속하게 상황을 전달하는 창구를 만들었다. 비상통보 애플리케이션은 비상 상황 발생 시 사고 위치, 사고 종류, 수신자를 선택해 긴급 문자를 전송하여 빠르게 사고에 대한 대처를 할 수 있는 비상 연락체계를 구축"하였다. 이와 같이 사업장 특성을 반영한 급박한 위험에 대한 매뉴얼 마련이 필요함을 시사한다.

 판례는 중대산업재해가 발생할 수 있는 급박한 위험이 있음에도 작업 중지, 위험요인 제거 등 대응조치에 관한 매뉴얼을 제대로 마련하지 아니한 경우 위반으로 판결하였다. (대구지방법원 2024. 1. 16. 선고 2023고단3905 판결)

8. 도급·용역·위탁시 안전보건 확보의무

산업안전보건법 제61조에는 산업재해 예방을 위한 조치를 할 수 있는 능력을 갖춘 사업주에게 도급하도록 규정하고 있고, 중대재해처벌법 제4조 시행령 제9호에는 제3자에게 업무의 도급, 용역, 위탁 등을 할 때는 종사자의 안전보건을 확보하기 위해 산업재해 예방을 위해 조치 능력과 기술에 관한 평가 기준 절차 마련, 도급, 용역, 위탁 등을 받는 자의 안전보건을 위한 관리비용에 관한 기준, 건설업이나 조선업의 경우 도급, 용역, 위탁 등을 받는 자의 안전보건을 위한 공사기간 또는 건조 기간에 관한 기준을 마련하도록 하였다.

즉 입찰단계에서「도급작업 안전보건관리계획서」및「적격 수급업체 선정 가이드라인」에 대해 명확하게 제시하는 것을 의미하고, 계약단계에서는 수급업체 안전보건 관리 수준 계약단계 평가를 통하여 적격 수급업체 선정하는 것이다.

중대재해처벌법 해설서에 설명한 사업장의 안전보건 확보를 위해 필요한 조건이란 안전보건 관리 인력의 구성 및 운영 방안, 안전보건 관리 활동 계획, 안전보건교육 계획, 사용 기계·기구 및 설비의 종류 및 관리 계획, 작업 관련 실적, 작업자 이력·자격·경력 현황, 최근 산업재해 발생 현황 등을 설명하였다.

따라서 도급계약서에서 명시할 내용은 안전보건교육, 위험성 평가, 안전보건협의체 구성·운영, 안전보건 점검, 안전보건 정보 제공, 공사기간 등 준수, 위생시설 등의 협조, 안전보건조치 이행, 산업재해 현황 제출, 경보체계 운영과 대피 방법 등 훈련 등이 포함되어야 함을 시사한다.

【도급, 용역, 위탁 업무 진행단계별 안전보건 활동】

단계	항목	내용
계약	도급사업 검토	• 도급, 용역, 위탁 대상 검토 • 안전보건관리규정 작성
	계약 및 입찰	• 안전작업 계획서 및 안전보건 수준평가 기준 제시 및 안전 보건 계약서류 확인 검토
	입찰 서류 검토	• 수급업체 안전보건수준평가 *사업장 특성을 반영하여 정량적 및 정성적 기준 마련하여 평가
	도급업체 계약	• 적격 수급업체 최종 선정

↓

단계	항목	내용
수행	도급사업 안전보건활동	• 안전보건총괄책임자 지정 • 안전보건협의체 구성 · 운영 • 위험성 평가 (도급, 수급) • 순회점검, 합동안전보건 점검 • 산업재해 위험 예방 조치 • 작업허가제 검토 및 운영 • 도급인가 대상 검토 • 안전보건교육 지도 지원 • 유해 인자 및 화학물질 관리 • 안전보건 정보제공 　* 산업안전보건법 제63조, 제64조, 제65조, 제66조 준수

↓

단계	항목	내용
환류	수급인 사업장 안전 · 보건 수준 재평가 및 환류 (P,D,C,A)	• 안전보건 수준 재평가 • 평가결과 환류

* 출처: 관련 법률 및 중대재해처벌법 판례, 고용노동부 중대재해처벌법 해설서를 종합하여 재정리

건설업의 경우 중대재해처벌법 시행령 제4조 제9호 적용 관련, '나' 목의 '안전·보건을 위한 관리비용에 관한 기준'의 경우 산업안전보건법에 따른 산업안전보건 관리비 기준을 따르면 되는지? '다' 목의 '공사 기간'의 경우 추상적인 기준으로 보이는바, 기준 및 절차 마련 시 참고할 수 있는 관계 법령이나 행정규칙 등이 있는지 여부에 대한 해석은 다음과 같다.

'나' 목의 경우 중대재해처벌법 시행령 제4조 제9호에 따라 제3자에게 도급, 용역, 위탁 등을 하는 경우 사업주 또는 경영책임자 등은 '도급, 용역, 위탁 등을 받는 자의 안전·보건을 위한 관리비용에 관한 기준'을 마련해야 하는 바, 도급, 용역, 위탁 등을 하는 자는 도급 등을 하기 전에 수급인 등의 업무수행 시 요구되는 안전·보건을 위한 관리비용에 관한 기준을 설정하고, 그 기준에 따라 산정된 금액을 도급 등 도급계약에 반영하여야 한다는 의미이다. 이때 안전·보건을 위한 관리비용은 수급인이 사용하는 시설, 설비, 장비 등에 대한 안전조치, 보건 조치에 필요한 비용, 종사자의 개인 보호구 등 안전 및 보건 확보를 위한 금액으로 정하되, 총 금액이 아닌 항목별로 구체적인 기준을 제시하여야 한다. (중대산업재해감독과-1726, 2021. 11. 22.)

건설업의 경우 산업안전보건법 제72조 및 「건설업산업안전보건관리비 계상 및 사용기준」(고용노동부고시 제2020-63호)에 따른 '산업안전보건 관리비 계상기준'을 수급인 등의 안전·보건을 위한 관리비용에 관한 기준으로 참고할 수 있으나 산업안전보건관리비의 계상은 산안법상 건설공사 발주자의 의무이고, 중대재해처벌법 시행령 제4조 제9항의 의무는 개인사업주 또는 경영책임자에게 부여된 의무로서 의무주체와 내용 등이 다른 별개의 독립적인 의무이므로, 산업안전보건관리비 계상기준만이 아니라, 산업안전보건법을 포함한 안전·보건 관계 법령에 따른 의무에 비추어 갖추어야 할 인력, 시설 또는 장비의 구비 등 수급인 등의 작업 수행 과정에서 안전·보건을 확보하는 데 충분한 비용을 책정할 수 있는 기준을 설정하여야 한다.

'다' 목 관련하여 안전·보건에 관한 공사 기간은 안전·보건에 관한 별도의 독립적인 기간을 의미하는 것이 아니라 수급인 종사자의 산업재해 예방을 위해 안전하게 작업할 수 있는 충분한 작업기간을 고려한 계약기간을 의미하므로 공사의 규모·종류·유형 등에 따라 도급인 등이 자율적으로 수급인 등의 안전·보건을 확보할 수 있는 기간에 관한 기준을 정하되, 비용 절감 등을 목적으로 안전·보건에 관한 사항을 고려하지 않은 채 공사 기간을 정하여서는 안 된다라고 해석하였다. (중대산업재해감독과-1726, 2021. 11. 22.)

판례는 "제3자에게 업무의 도급 등을 할 때는 종사자의 안전·보건을 확보하기 위하여 도급받는 자의 산업재해 예방을 위한 조치 능력과 기술에 관한 평가 기준 및 절차를 전혀 마련하지 아니하여 위험성평가조차 할 수 없었음에도 도급을 맡겨 공사를 진행하였다"라고 판단하였다. (의정부지방법원 고양지원 2023. 10. 6. 선고 2023고단3255 판결)

최근 규모가 작은 공사일수록 안전조치를 소홀히 하여 안전사고가 발생한 것을 보았을 때 결론적으로 보면 수급인 선정 시 안전보건 역량을 갖춘 업체가 선정되면 충분히 안전·보건 조치를 할 수 있다고 생각된다. 산업안전보건법 제61조에는 적격 수급인을 선정하도록 하였다. 그러나 각 사업장에서 고민은 수급인이 현재 계약을 하는 업무에 대해 충분히 산재 예방을 위한 조치할 수 있는 능력을 갖춘 업체인지 업무수행의 역량에 대해 검토가 필요하다.

  가령 대규모 화학단지 내에서 공사를 하는 경우 과거 아차사고 사례, 동종 업종 사고 사례 등을 분석하고 안전관리부서와 협의하여 수급자를 선정하고 사업장 특성을 반영하여 자율 체크리스트를 활용하는 것이 좋을 듯하다.

【자율점검 체크리스트 예시】

내용	배점

1. 도급, 용역, 위탁 등을 받는 자의 산업재해 예방을 위한 조치 능력과 기술에 관한 평가 기준·절차가 마련
  가. 안전보건관리체계 구축 여부
  나. 안전보건관리규정
  나. 작업절차
  다. 안전보건교육 실시
  라. 위험성평가 절차
  마. 안전보건 관리조직 구성
  바. 인력구성
  사. 안전보건 확보방안
  아. 위험성평가 수행 정도(인적요인, 기계적요인, 작업환경 등)
	25

2. 도급, 용역, 위탁 등을 받는 자의 안전·보건을 위한 관리비용에 관한 기준을 마련
  가. 안전관리비 집행계획(경상경비, 신호수 인건비 등 세부내역)
  나. 안전보건관리책임자 등에게 필요한 권한과 예산 부여
  다. 안전보건관리책임자 및 관리감독지 평가기준
	25

3. 건설업 및 조선업의 경우 도급, 용역, 위탁 등을 받는 자의 안전·보건을 위한 공사기간 또는 건조기간에 관한 기준 마련 　가. 공사기간 변경시 추가 안전대책 　나. 건설기계·기구 추가 안전대책 　다. 공사설계 변경시 추가 안전대책	25
4. 마련된 기준과 절차에 따라 도급, 용역, 위탁 등이 이루어지는지 반기 1회 이상 점검 　가. 점검방법 (자체, 위탁점검) 　나. 점검결과 조치 방법	25
합계	100점

* 주) 관련 법률 및 판례, 고용노동부 경영책임자와 관리자가 알아야 할 중대재해처벌법 따라하기 안내서(2022.3.) 등을 종합하여 재구성

    필자가 그간 중대재해 사고 현장을 확인하고 경험적으로 볼 때 사고 예방을 위한 제안방안으로 고위험 비정형 작업을 하는 경우(작업방법, 조건이 일상적이지 않은 상태에서 이루어지는 기계 수리, 정비, 급유, 청소, 교체 등의 돌발적인 작업) 생산부서 또는 안전부서와 협의하여 작업허가 승인을 거쳐 작업하도록 '작업절차서'를 마련하는 것이 바람직하다고 생각한다.

    구체적인 작업절차로는 현장에서 작업허가서 신청 → 사업주 (도급인 등)의 안전조치 및 확인 → 작업허가 및 도급인의 산업재해 예방조치(산업안전보건법 제63조, 제64조, 제65조, 제66조) → 작업완료 및 허가서 보존 순으로 절차를 마련하는 것이다.

    고용노동부는 도급 등을 받는 자의 안전·보건을 위한 관리비용을 마련 주체에 대해 다음과 같이 행정 해석하였다.

"개인사업주 또는 경영책임자 등이 '도급, 용역, 위탁 등을 받는 자의 안전·보건을 위한 관리비용에 관한 기준'을 마련하는 것의 취지는 도급, 용역, 위탁 등을 하는 자가 도급 등을 하기 전에 수급인 등의 업무수행 시 요구되는 안전·보건을 위한 관리비용에 관한 기준을 설정하고, 그에 따라 산정된 기준을 도급 등 금액에 반영하여 수급인 등과 계약을 체결해야 한다는 의미이다. 따라서 도급인 등은 해당 기준을 설정하고 그에 따른 관리비용은 해당 도급 등 계약 내용에 반영하여야 하며, 수급인 등은 이를 종사자의 안전·보건 확보를 위해 사용해야 한다"라고 질의회시하였다. (중대산업재해감독과-1719, 2021. 11. 22.)

도급사업주의 산업안전보건법 책임 관련하여 판례는 "자신의 사업장에서 시행하는 건설공사 과정에서 발생할 수 있는 산업재해 예방과 관하여는 실질적인 지배·관리 권한을 가지고 있었는지 중심으로 도급사업주가 해당 건설공사에 대해 행사한 실질적인 영향력을 정도, 도급사업주의 해당 공사의 전문성, 시공 능력을 종합적으로 고려하여 규범적인 관점에서 판단해야 한다"(대법원 2024. 11. 14. 선고 2023도14674 판결)라고 구분 기준을 제시하였다.

9. 안전보건 관계 법령에 따른 의무이행의 관리상의 조치

중대재해처벌법 제4조 제1항 제4호에서 '안전보건 관계 법령에 따른 의무이행의 관리상의 조치'는 해당 사업 또는 사업장에 적용되는 것으로서 종사자의 안전·보건을 확보하는 데 관련되는 법령을 말하고 법 제4조 제1항 제4호에 따른 조치에 관한 구체적인 사항은 다음과 같다.

【경영책임자의 관리상 조치】

구분	내용
점검	의무이행 했는지 반기 1회 이상 점검
보고·조치	제1호에 따른 점검 또는 보고 결과 안전·보건 관계 법령에 따른 의무가 이행되지 않는 경우 인력을 배치하거나 예산을 추가로 편성·집행
의무적 실시 교육 반기 1회 점검	• 유해·위험한 작업에 관한 안전·보건에 관한 교육이 실시되었는지를 반기 1회 이상 점검 • 직접 점검하지 않은 경우에는 점검이 끝난 후 지체 없이 점검 결과를 보고받을 것
예산확보 교육실시에 필요한 조치	• 제3호에 따른 점검 또는 보고 결과 실시되지 않은 교육에 대해서는 지체 없이 그 이행의 지시 • 예산의 확보 등 교육 실시에 필요한 조치를 할 것

중대재해처벌법상 안전·보건 관계법령에 대해 "안전·보건 관계 법령이란 종사자의 안전·보건을 확보하는 데 관련되는 법령으로서 통상적으로 산업안전보건법을 의미하는 것이며, 그 밖의 법률의 목적이 근로자의 안전·보건을 확보하기 위한 것으로 광산안전법, 원자력안전법, 항공안전법, 선박안전법, 연구실 환경조성에 관한 법률, 폐기물관리법, 생활물류서

비스발전법, 선원법, 생활주변방사선안전관리법 등을 포함하다"라고 해석하였다.(중대산업재해감독과-4423, 2022.11.10.)

또한 "건설산업기본법의 경우 건설공사 조사, 설계, 시공, 감리, 유지관리, 기술 관리 등에 관한 기본적인 사항과 건설업 등록 및 건설공사의 도급 등에 필요한 사항을 정하는 것으로 건설공사의 적정한 시공 등이 주된 목적이고 개별조문에서 종사자의 직접적인 안전·보건을 확보하기 위한 내용을 담고 있는 조문이 없는 점을 고려하여 종사자의 안전·보건을 확보하는 데 관련되는 법령으로 보기 어렵다"라고 해석하였다.(중대산업재해감독과-2874, 2022.7.25.)

경영책임자의 점검 관련 "안전·보건 관계 법령에 따른 의무를 이행하였는지를 점검하는 주체는 개인사업주 또는 경영책임자 등이고 구체적인 점검은 해당사업 또는 사업장 특성, 규모 등 개별사정에 비추어 다양한 방식으로 이행할 수 있고, 경영책임자가 직접 수행할 수 있고, 소속 직원이나 조직 등을 통해 해당 업무를 수행하도록 보고받을 수 있고, 중대재해처벌법상 의무는 도급인과 수급인 각각 이행해야 하므로 수급인의 안전·보건 관계 법령상 이행하여야 할 의무에 대해서는 수급인도 개별적으로 점검해야 한다"라고 질의회시하였다.(중대산업재해감독과-1413, 2022.4.25.)

중대재해처벌법 제5조 제2항 제1호는 "안전·보건 관계 법령에 따른 의무를 이행했는지를 반기 1회 이상 점검하는 경영책임자 등의 의무의 하나를 해당 안전·보건 관계 법령에 따라 중앙행정기관의 장이 지정한 기관 등에 위탁하여 점검하는 것을 포함하도록 규정하고 있다"고 행정 해석하였다.(중대산업재해감독과-1996, 2002.5.27.)

결국 중대재해처벌법은 시행령 제5조의 의무이행을 제대로 한다면 재해는 발생하지 않는다는 것으로 귀결되며 다음 그림과 같이 의무이행의 흐름이 설명된다.

안전보건 관리체계 구축 ➕ **중대재해처벌법 반기 1회 이상 점검 및 평가 관리**

재해 발생의 원인은 현장에서 찾을 수 있고 이러한 원인의 조치는 현장에서 수행되어야 하므로 관리감독자의 역할이 중요한 것으로 확인된다. 필자가 후속으로 연구하는 관리감독자의 안전관리 모델 개발(Development of Safety Management Model)은 산업안전보건법상 직무수행(job performance)과 중대산업재해(serious industrial accident) 상관관계와 산업재해 예방에 영향을 미치는 정도를 파악하는 것이다.

TIP. 꼭 알아 두기

- 종사자의 안전 및 보건확보 의무 이행을 위해 반기 1회 이상 점검 또는 평가해야 하는 사항

① 유해·위험요인의 확인 및 개선 여부

사업장 특성을 반영한 업무절차에 따라 유해·위험요인을 확인하여 유해·위험요인을 제거·대체·통제하는 등 개선이 이루어지는지를 점검하고 필요한 조치를 할 것
* 참고판례 : 창원지방법원 2023.11.3. 선고 2022고단1429 판결

② 안전보건관리책임자등의 충실한 업무수행의 평가·관리

안전보건관리책임자, 관리감독자, 안전보건총괄책임자에 대해 산업안전보건법에 정해진 각각의 업무를 충실하게 수행하는지를 평가하기 위해 마련한 기준에 따라 평가·관리할 것
* 참고판례 : 제주지방법원 2023.10.18. 선고 2023고단146 판결

③ 종사자 의견 청취 절차에 따른 의견 수렴 및 개선방안 마련·이행 여부

사업 또는 사업장에서 마련한 안전·보건에 관한 종사자 의견 청취 절차에 따라 의견을 듣고, 재해 예방에 필요한 경우 개선방안을 마련하여 이행하는지를 점검할 것
* 참고판례 : 서울북부지방법원 2023.10.12. 선고 2023고단 2537 판결

④ 중대산업재해 발생에 대비하여 마련한 매뉴얼에 따른 조치 여부

사업 또는 사업장에서 중대산업재해가 발생하거나 발생할 급박한 위험이 있을 경우 대비하여 마련한 매뉴얼에 따라 작업중지, 근로자 대피, 위험요인의 제거 등 대응조치, 중대산업재해를 입은 사람에 대한 구호조치 등을 하는지를 점검할 것
* 참고판례 : 창원지방법원마산지원 2023.8.25. 선고 2023고합8 판결

⑤ 종사자의 안전 및 보건 확보를 위한 도급, 용역, 위탁 기준·절차 이행 여부

도급, 용역, 위탁 시 종사자의 안전·보건 확보를 위해 마련한 수급인의 산업재해 예방을 위한 조치능력과 기술에 관한 평가기준·절차, 안전보건을 위한 관리비용, 공사기간 등에 관한 기준에 따라 도급, 용역, 위탁 등이 이루어지는지를 점검할 것
* 참고판례 : 의정부지방법원 2023.10.6. 선고 2022고단 3255 판결

⑥ 안전·보건 관계 법령에 따른 의무 이행 여부

산업안전보건법 등 안전·보건 관계 법령에 따른 의무를 이행했는지를 점검하고 법 준수에 필요한 조치를 할 것
* 참고판례 : 울산지방법원 2024.4.4. 선고 2022고단 4497 판결, 울산지방법원 2024.7.4. 선고. 2023고단 5014 판결

⑦ 안전·보건 관계 법령에 따른 의무적인 교육 실시 여부

안전·보건 관계 법령에 따라 의무적으로 실시해야 하는 유해·위험한 작업에 관한 안전·보건에 관한 내용이 포함되는 교육이 실시되었는지를 점검하고, 필요한 조치를 할 것
* 참고판례 : 춘천지방법원원주지원 2024.11.20. 선고 2024고단 770 판결

* 출처: 판례와 중대재해처벌법 해설서를 재정리함.

제 3 편

안전보건관리체계 구축

제5장
「안전보건관리체계 구축」의 핵심요소

1. 사업장 유해·위험요인 발굴

　유해·위험요인 관련하여 누구나 자유롭게 사업장 위험요인을 발굴하고 신고할 수 있는 창구를 마련하거나 유해·위험요인을 체계적으로 분류하고 관리하여 제거 대체 통제 방안을 마련하는 것이 중요하다.

　개별 사업장에서 업무 중 근로자에게 유해·위험요인으로 노출된 것이 확인되었거나 노출될 것이 합리적으로 예견할 수 있는 모든 유해·위험요인을 파악하여 근로자들과 함께 위험성 평가를 하는 것이다. 필자는 2022년~2023년 기간 중 중대재해가 가장 많이 발생한 가해물과 기인물이 무엇인지 파악해 보았다. 중대재해처벌법 시행 이후 사망사고가 가장 많이 발생한 주요 기인물은「건축·구조물 및 표면」으로 가장 많이 발생하였고, 다음으로「운반 및 인양 설비·기계」,「제조 및 가공 설비·기계」순으로 발생하였다. 건축·구조물에서 세부 기인물은 단부·개구부, 비계·작업발판, 지붕·대들보, 거푸집·동바리, 계단·사다리, 철골빔·트러스에서 중대재해가 발생하였고 주요 기인물별 사망자 수는 다음과 같다.

【기인물별 사망자 수】

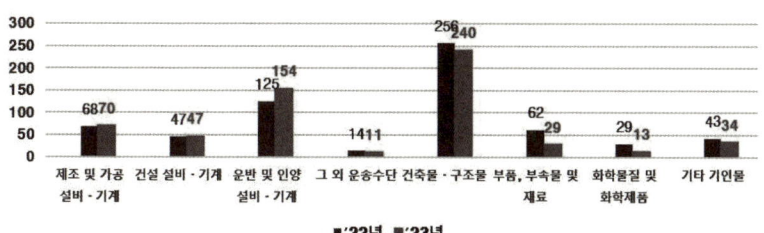

* 출처: 고용노동부 2023년 산업재해 현황 부가 통계(2024.3.7.)

위 통계에서 나타난 시사점은 건축물·구조물 및 표면 작업 시 사용되는 건설기계 장비에서 사고 빈도가 높다는 특징이다. 즉 굴착기, 고소 작업대, 리프트, 이동식 크레인 또는 트럭류, 콘크리트펌프카, 타워크레인 등 이러한 기계를 작동하는 경우 운전 시작 전 안전조치, 운행 및 작업 중 안전조치, 인양 작업 시 안전조치와 사고 예방을 위한 관리감독이 필요함을 알 수 있다.

【건설기계 작업시 유해·위험요인】

구분	유해·위험요인 확인 및 점검
운전시작 전 안전조치	• 굴착기 운행경로 및 작업방법 등을 고려한 작업계획을 수립하고 이행 • 작업장소의 지형 및 지반상태를 확인하고, 굴착기가 넘어질 우려가 없도록 조치 • 전조등과 후방 영상장치가 정상적으로 작동하는지 확인하고, 후사경의 설치상태가 양호한지 점검

운행 및 작업 중 안전조치	• 접근제한 등 조치 • 유도자를 배치, 작업자가 부딪히지 않도록 유도 • 버킷 등 작업장치의 이탈방지용 안전핀을 체결 • 운전원은 안전띠를 착용 • 굴착기 버킷에 작업자의 탑승을 금지
인양 작업 시 안전 조치	• 인양작업 방법은 제조사의 작업설명서 • 인양작업 시작 전에는 굴착기의 정격하중을 확인하고 퀵커플러 및 달기구에 해지장치 설치 여부를 확인 • 인양작업은 지반침하 우려가 없는 평평한 장소에서 실시하고, 화물의 무게는 정격하중을 넘지 않도록 함 • 인양물 인근에 작업자의 출입을 통제하거나, 유도자를 배치하여 작업자가 부딪히지 않도록 유도함

* 참고판례 : 창원지방법원 마산지원 2023.8.25.선고, 2023고합8
* 출처: 산업안전보건기준에관한 규칙 제35조 및 【별표2】【별표3】【별표4】를 재정리함

  필자는 건설업 산업재해 예방을 위해 건설기계 작업 관계자 설문을 통해 산업재해 예방을 위한 방안에 관한 연구에서 설문 조사 결과 가장 위험한 요인으로 건설기계(굴착기 등) 작업 시 작업자 외 다른 근로자의 출입이 통제되지 않아 협착 사고가 발생하거나, 이동식 크레인 작업 시에는 인양물 인근에 작업근로자가 건설자재에 맞음 등 이유로 사고가 발생하는 것으로 분석되었다.

  대전·충남·세종지역 건설기계 자격증 소지자를 대상으로 건설현장에서 발생하고 있는 위험 유해 요인인 설문 조사 결과 주요 사고 원인이 근로자 과실, 열악한 작업환경(난도 높은 공사), 사업주 안전시설 투자 부족 순으로 나타났다.(김형근, 2022, 2023) 건설 현장에서 산업재해를 예방하기 위해서는 현장별 안전관리 수준 등을 분석하고 기술지도 기관을 통해

기술지도 실시와 정기적으로 사고 사례 전파 및 건설 현장소장, 안전관리자 등과 네트워크 구축으로 사고 사례 등 안전대책을 공유하는 경우 효과가 있는 것으로 분석하였다.

【건설업 사고 사망 감축을 위한 분석 변수】

구분		유해·위험요인 확인 및 점검
독립 변인	산재사고예방 정책지원	• 화재·폭발 고(高)위험 군(群), 사고예방 간담회(기술지원 등) • 소규모 건설현장 패트롤 점검(기술지도비대상 등) • CEO 핵심관리자 산업안전 교육(산안법 설명 등) • 고위험 기계·장비 안전 점검 등(산업용로봇 등)
	산재사고 예방홍보	• 산재사망 감축 실천협약서 • 기관장 주재 사업주 간담회 • 산재예방 플랫폼 구축(사망사례 전파 등) • 공단 및 안전보건협의체 사망사고 감축 협업
	성과지원	• 기관장 관심도 • 직원 충성도
종속변인		• 산업재해 예방(산재 사망사고 감소)

* 출처: 김형근, 건설업 산업재해 예방 모델 효과성 추정에 관한 연구, 2021

건설업에서 사고 사망 감축을 위해서는 관련기관의 정책적인 지원과 사업주와의 기관 간의 네트워크를 통한 안전 플랫폼 구축 등은 사고를 예방하는 데 효과가 있다고 생각한다.

2. 안전·보건 조직 구성

안전·보건 조직구성에 대해 살펴보고자 한다. 필자가 경험한 사례로 토목건축공사업체 시공 능력 평가 결과 100위 이내이고 수주받은 공사금액 규모가 큰 사업장으로 안전보건 조직은 라인 스텝형(Line Staff Organization)으로 구성하여 안전 업무가 별도로 조직되어 운영되고 있었다.

중대재해처벌법 시행 이전부터 별도의 안전부서가 있었고 이러한 안전조직이 전국 현장이 관리가 되고 있었다가 중대재해처벌법 시행에 따라 더욱더 체계적으로 각 현장에서는 안전보건관리책임자 등 평가 관리하고 있고, 안전보건 팀으로 하여금 반기 1회 점검 등 안전조치 보건조치가 이루어지고 있는 사업장을 확인한 적 있다.

【혼합형 안전보건 조직】

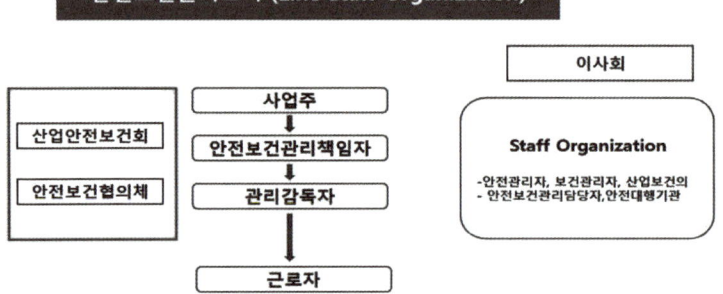

* 출처: 김형근·김일태, 컴플라이언스 구축 요소에 관한 연구, 2024

혼합형 안전보건 조직에서 안전관리 특징은 안전업무 전담 참모들 두고 생산라인에서도 부서장으로 하여금 안전 업무를 수행하게 하는 조직으로 생산 기능 협조가 잘 이루어지고 있는 것으로 확인한 적 있다

그러나 소규모 사업장의 경우 경영자, 현장소장, 반장, 근로자가 있고 반장의 경우 관리감독자나 안전관리자를 겸하고 있는 경우도 많다. 이러한 조직에서 안전관리는 사실상 체계적으로 운영되기 어렵다.

필자의 판단하는 이유는 현장소장은 산업안전보건법 제15조 규정에 따른 안전보건관리책임자로 임명되었다고 볼 수 있으나 작업반장의 경우 공사 현장의 작업을 겸하면서 안전관리를 하여야 하므로 산업안전 보건 기준에 관한 규칙 제35조 제1항 관련 업무에 해당하는 관리감독자의 유해·위험방지 업무와 작업 시작 전 점검 사항 업무가 생략되거나 위험성 평가 업무 조치가 이루어지지 않은 채 작업이 이루어지는 경우를 확인한 적 있었다. 일반적인 안전관리 조직 형태는 다음과 같다.

【Line, Staff, Line-Staff Organization】

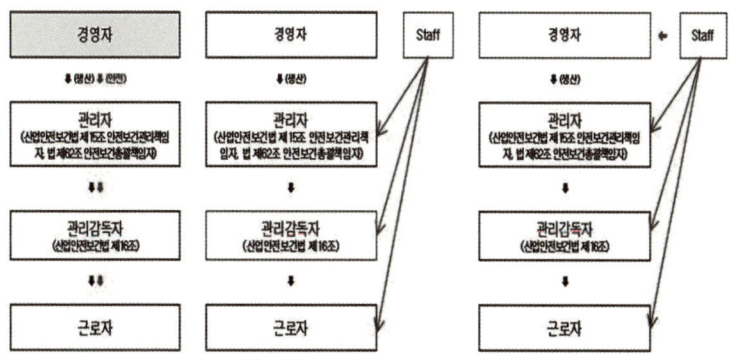

* 출처: 산업안전보건법령에 따라 필자가 구성한 조직

위 라인형과 스텝형 조직 형태는 중·소규모 사업장에서 운영되고 있으므로 최소한의 경영책임자, 현장소장, 관리감독자, 근로자 체계로 조직이 운영되어야 효율적인 관리가 되는 것이고 관리감독자는 산업안전보건기준에 관한 규칙【별표2】,【별표3】,【별표4】 업무가 충실히 이행해야 하고 사업주 및 경영책임자는 충분한 자원을 지원해야 한다고 본다. 결국 안전·보건 조직을 통해 현장의 안전관리를 하거나 각 현장의 안전보건관리책임자로 하여금 안전보건관리체계를 구축하여야 하는데 이러한 판단과 결정의 몫은 사업주와 경영책임자가 판단해야 한다.

3. 사업장 규모·특성에 따라 차별성 있는 체계구축

　필자는 2023년경 충남 지역 자동차 업종에서 도급인 사업장 내 다수 수급인 업체가 근무하는 사업장을 선정하여 안전보건관리체계를 구축하는 데 필요한 요인들에 대해 파악해 본 적 있다. 당시 자동차 부품업종에서 종사하는 관리감독자와 근로자들을 대상으로 설문하였고 이들 종사자가 판단하는 유해·위험요인이 무엇인지? 유해 위험요인을 기초하여 사업장에서 안전사고를 예방한다면 어떤 정책이 필요한지? 문답하고 안전보건관리체계구축, 위험성평가, 안전보건 교육, 전문 인력배치, 충실한 업무수행지원, 종사자 의견을 듣는 절차 마련, 경영책임자 관리상 조치가 종사자의 만족도와 산업재해 예방에 미치는 영향을 살펴보는 것이다.

　중대산업재해 예방 추정 모델에서 안전보건관리규정을 구축하고 안전보건 관계 법령에 따라 경영책임자, 안전보건관리책임자, 관리감독자들이 유해·위험요인을 확인하고 확인된 유해·위험요인을 제거·대체·통제 등 개선 조치가 이루어지도록 반기 1회 이상 점검하고 위험성 평가제도를 도입하고 해당 절차에 따른 위험성 평가 시행을 하는 경우 사업장의 위험요인을 감축에 큰 영향을 미치는 것으로 확인하였다.

　사업장에서 정형 또는 비정형 업무에서 기계의 정비·수리 등의 작업을 하는 경우 해당 기계의 운전을 정지해야 하고 기계를 정지하는 경우 다른 사람이 그 기계의 가동을 방지하기 위해 기동장치에 잠금장치를 하거나 표지판 등을 설치하도록 작업 전 안전 점검 회의(TBM, Tool Box Meeting) 및 종사자에 대한 특별안전교육을 실시하는 경우 산업재해를 예방하는 데 효과가 있는 것으로 나타났다.

전문인력을 배치하는 경우와 충실한 업무수행지원 변수를 추가하는 경우와 종사자 의견을 듣는 절차 마련 시 및 경영책임자가 반기별 1회 이상 산업안전보건법상 의무이행 점검 사항을 보고 받거나 경영책임자가 점검하는 경우 모형의 설명력이 향상하는 것으로 분석되었다. 결국 제조 및 가공 설비·기계 작업이 많은 업종에서는 이에 맞는 체계구축이 필요하고, 건설 설비·기계 작업이 많은 업종, 운반 및 인양 설비, 건축물·구조물 및 표면 부품 작업, 화학물질 및 화학제품 작업 등 유형별 특성을 반영한 실질적인 체계구축을 마련해야 함을 추천하고 싶다.

4. 경영책임자의 안전·보건 의무이행 구조

　KOSHA 18001에서 안전보건경영 시스템은 계획수립 단계에서 위험성 평가, 법규검토, 목표, 추진계획을 수립하고 있고, 지원단계에서는 자원, 역량 및 적격성, 인식, 의사소통 및 정보 제공, 문서화, 문서관리 기록을 하고 있고, 실행단계에서는 운영계획 및 관리(안전보건활동), 비상시 대비 및 대응, 점검 시에는 모니터링, 측정 분석 및 성과 분석, 내부 심사, 경영책임자 검토하고 최종 단계에서 시정조치를 하는 형태이다.

　이러한 안전보건 조직은 경영책임자가 의무이행을 충실하게 할 수 있도록 구조화한 것이다. 결국 경영책임자의 안전보건 확보의무 이행을 위해서는 순환된 시스템을 환류하는 형태로 계획단계, 실행단계, 점검단계, 시정조치 및 개선단계로 이루어져야 효과가 있음을 알 수 있다.

【중대재해처벌법 판례분석】

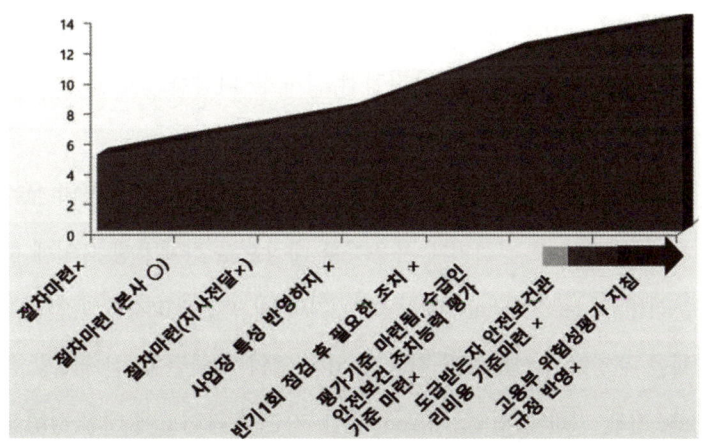

*출처: 중대재해처벌법 판례를 분석하여 재정리함

위 통계는 사업장에서 안전보건관리체계 마련 형태는 갖추었으나 미비한 관계로 현장에서 안전·조치 보건 조치를 이행하지 않아 중대재해가 발생한 것에 대해 설명한 것이다.

중대재해처벌법 시행 이후 2022년~2023년 판례에서는 절차 마련이 안되었거나 절차 마련 사실을 현장에 전달하지 않았거나 사업장 특성을 반영한 위험성 평가를 하지 않았거나 반기 1회 이상 점검 후 경영책임자가 필요한 조치를 이행하지 않았거나 평가 기준은 마련되었으나 수급인 안전보건 조치능력 평가 기준이 마련되지 않았거나 도급받은 자 안전관리비용과 기준을 마련하지 않았던 위반에 대해 나타내고 있다.

결국 중대재해처벌법 시행령 제4조에 규정하는 9가지 의무규정을 마련하고 안전·보건 관계 법령상에서 의무이행에 필요한 관리상의 조치를 하여야 하고 종사자의 안전·보건 확보 의무이행을 위해 반기 1회 이상 점검 평가를 통해 의무이행이 완료되는 구조이다.

필자는 과거 대규모 공사를 하였던 석유화학단지 관할 지역에서 근무하면서 건설업에서 중대재해를 예방하기 위해 건설현장 패트롤 실시, 고위험 기계·장비에 대한 자율안전점검 실시 등 다양한 방법을 통해 안전사고 예방에 노력한 적 있다.

산업재해 예방을 위해 HPC 건설현장 및 석유화학단지 대정비 보수시 근로자, 안전관리자, 건설기계 사용자를 대상으로 산재발생 요인에 대해 빈도분석(Frequency Analysis)하였고, 지역 내 안전관리자들과 안전보건협의체를 운영하고 산재예방 감축을 위한 협약서 체결 및 산재예방 플랫폼 구축, 유관 기관과 협업, 패트롤 점검, 기관장 관심도에 대한 상관분석(Correlation Analysis)을 통해 우선적으로 고려해야 할 산재예방 정책이 무엇인지? 검토한 적 있었다.

  결과적으로 중대재해가 발생하지 않는 이유는 안전조치 보건조치를 체계적으로 수행하였고, 관리감독자들은 현장에서 실질적인 조치가 이행되었고, 사고 예방을 위한 사업주 단체에 해당하는 건설안전협의체에게 아차사고 사례를 전파하는 등 안전보건 캠페인을 주 단위 또는 매월 단위로 실천한 결과 중대재해가 발생하지 않았던 것으로 기억한다.

  필자는 사업장에서 체계적으로 안전보건 관리가 되는 사업장을 대상으로 통계적 유의성을 검증하기 위해 다양한 모델을 통해 살펴보았다. 중대산업재해 유해·위험요인을 분석은 대규모 사업장인 건설현장을 대상으로 하고 안전조치 변수를 독립변수 하며, 매개변수로 인한 조절 효과를 단계적으로 파악하기 위해 독립변수가 투입됨에 따라 설명력의 변화와 유의성 여부를 확인하였고 직접적, 간접적 매개효과가 종속변수(산재 사망 감축)에 영향을 미치는 연구이다. 연구모형을 설정하는 추정식은 다음과 같으며 분석결과 산업재해 감축에 큰 효과를 보게 되었다. (Stone-Romero and Patrick J. 2008)

【중대산업재해 유해·위험요인 분석】

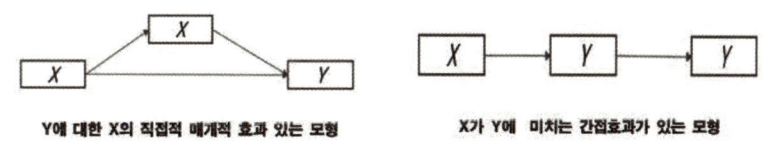

* 출처: Stone-Romero and Patrick J.(2008), Tabachnick, B.G. and Fidell, L.S.,(2007)

5. 위험성평가 실시 주체 및 평가 방법

위험성 평가의 법적 근거는 산업안전보건법 제36조(위험성평가 실시)와 산업안전보건법 시행규칙 제37조(위험성평가 실시 내용 및 결과의 기록보존) 및 고용노동부 고시에 사업장 위험성평가에 관한 지침 등 있다.

위 근거에 따라 사업장에서는 사업주가 주도하여 안전보건관리책임자, 관리감독자, 안전관리자·보건관리자 또는 안전보건관리담당자 등이 참여하고 평가대상 작업에서 근로자들이 위험성 평가 전 과정에 참여하여 위험성 평가를 시행하는 것이다.

고용노동부 고시 및 '쉽고 간편한 위험성 평가제도 해설서'를 재정리하면 다음과 같은 특징이 있다.

【사업장별 위험성평가 방법 및 특징】

권장 사업장	위험성 평가 기법	특징
중·소규모	• 3단계 판단법 • 체크리스트 • 핵심요인기술	• 빠르게 위험의 우선순위 결정함 • 신뢰성 일관성 높고, 소수 인원 수행가능 • 현장 위험성 파악용이, 의견수렴 효율적
모든 사업장	• 빈도·강도법	• 결정과정 신뢰도 높음, 절차에 대한 이해 필요

* 출처: 사업장 위험성평가에 관한 지침(고용노동부 고시 제2024-76호, 2024.12.18.) 및 쉽고 간편한 위험성평가 방법 안내서(2023.3.)를 재정리함

위험성평가 방법 적용 대상 사업장은 제조, 건설, 기타업으로 나누어 단순공정에서 유해·위험요인이 적을 경우는 3단계 판단법으로, 유해·위험요인의 전문적인 과정을 적용해야 한다면 체크리스트, 체계적으로 빈도,

강도의 크기를 사전에 결정하거나 우선순위를 결정한다면 빈도·강도법을 생각해 볼 수 있다.

결국 각 사업장에서 위험성 수준을 상·중·하 또는 저·중·고와 같이 간략하게 구분하고, 직관적으로 이해할 수 있도록 위험성의 수준을 표시하는 것이 효과적이다.

가령 지붕공사에 대한 위험성 평가를 한다면 3단계 판단법으로 나타낼 수 있고 감소대책은 안전대 부착설비와 안전대 착용, 작업용 작업발판, 지붕재(선라이트)의 채광창 덮개 실시로 정리할 수 있다.

【위험성 3단계 판단법】

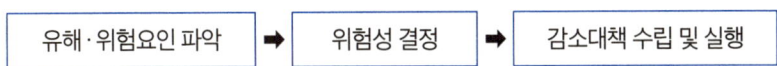

'쉽고 간편한 위험성평가 방법 안내서'에는 위험성의 수준을 상, 중, 하 또는 빨강·노랑·초록 등과 같이 3단계 등의 등급으로 구분하여 개선대책, 개선예정일, 완료일, 담당자 순으로 표기하도록 하는 방법을 사업장에서 활용하는 것이 효과적인 방법으로 생각된다.

【위험성 감소대책 기록 예시】

번호	작업단계 및 내용	유해·위험 요인 파악	위험성 수준 (상, 중, 하)	개선 대책	개선 예정일	완료일	담당
-		-	-	-	-	-	

주) 개선대책은 위험성평가의 대책보다 구체적으로 작성.
* 출처: 고용노동부, '쉽고 간편한 위험성평가 방법 안내서'(2023.3.) 및 사고 사례를 검토하여 재정리함.

중대재해처벌법 시행령 제4조 제3호에서 유해·위험요인 확인 및 개선에 갈음하는 위험성평가 실시 주기 관련 행정해석은 "중대재해처벌법 시행령 제4조 제3호 단서는 산업안전보건법 제36조에 따른 위험성 평가를 직접 시행하거나 실시하도록 하여 실시 결과를 보고 받은 경우 중대재해처벌법 시행령 제4조 제3호의 유해·위험요인 확인 및 개선에 대한 반기 1회 점검을 한 것으로 간주하도록 규정하고 있고 이는 중대재해처벌법상 유해·위험요인 확인 및 개선에 대한 점검 주기(반기 1회)와 산업안전보건법상 위험성평가의 주기(연 1회 이상)가 상이한데도 달성 효과는 동일하다는 취지로 볼 수 있고, 정기 위험성평가를 연 1회 실시한 경우 중대재해처벌법상 유해·위험요인 확인 및 개선에 대한 점검을 반기 1회씩 연 2회 모두 실시한 것으로 간주한다. 다만, 중대산업재해가 발생하여 조사한 결과 사업장 위험성평가에 관한 지침을 준수하지 않았거나, 형식적으로 실시한 사실이 확인되는 경우는 중대재해처벌법상 의무도 이행되지 않은 것으로 판단될 수 있다"라고 행정 해석 하였다. (중대산업재해감독과-2007, 2021. 12. 20.)

6. 외부기관, 안전·보건 진단을 통한 위험요인 파악

산업재해 예방은 위험요인에서 파악에서부터 출발한다. 위험요인과 위험의 정도를 알고 있으면 유형별로 분류하고 위험감소 대책을 마련할 수 있기 때문이다. 대규모 사업장의 경우 안전관리자, 관리감독자 등이 사업장 내 모든 기계·기구·설비의 위험요인을 파악하기에는 역부족이다. 이러한 문제점을 개선하는 것은 외부 기관, 안전·보건 진단을 통한 위험요인 파악을 제시하고자 한다.

필자는 2020년경 대산석유화학단지 관할 지역에서 산업안전 업무를 담당한 적 있다. 건축 공사가 진행 중인 사업장은 크레인 등 중량물 작업이 상시 이루어지고 있어 철저한 안전관리가 요구되는 시점에 안전사고가 발생하였고 당시 후속 이행으로 사업주의 안전진단을 통해 위험요인을 적기에 파악하여 더 이상 재해가 발생하지 않아 안전한 일터가 되었던 것으로 기억한다.

참고로 안전·보건진단 명령은 추락·붕괴, 화재·폭발, 유해하거나 위험한 물질의 누출 등 산업재해 취약 사업장의 산업재해를 근본적으로 예방하기 위해 잠재적 위험요인을 발견하고 그 대책을 수립할 수 있도록 하는 것으로 진단명령 대상 사업장을 선정하여 행정절차법에 따른 사전통지 및 의견 청취(의견제출) 절차를 거친 후 해당 사업장에 진단명령을 하는 것이다.

진단명령 진행 절차를 소개하면 고용노동부의 지방 관서는 선정기준에 따라 진단명령 대상 사업장을 선정하여 행정절차법에 따른 사전통지 및 의견 청취(의견제출) 절차를 거친 후 해당 사업장에 진단을 명령을 시행한다.

　기관에서 안전보건진단 명령을 받은 사업주는 산업안전보건법 제48조에 따라 지정받은 진단기관으로부터 진단받아야 하고, 안전보건진단업무에 적극적으로 협조하여야 하며, 정당한 사유 없이 이를 거부하거나 방해 또는 기피하여서는 아니 되며, 근로자대표가 요구할 때는 안전보건진단에 근로자대표를 입회시킨다.

　이후 해당 사업장의 사업주는 산안법 시행규칙 제48조에 따라 지정받은 진단기관에 15일 이내 의뢰하고 진단을 의뢰받은 진단기관은 시행령 별표14의 진단내용에 해당하는 사항에 대한 조사·평가 및 측정 결과와 그 개선 방법이 포함된 보고서를 진단을 의뢰받은 날로부터 30일 이내에 사업주 및 지방 관서에 보고하고, 근로감독관은 사업주가 진단 결과를 통해 나타난 개선사항을 모두 이행하고 그 결과를 제출한 경우 증빙자료 등을 통해 개선되었음을 확인하면 종결 처리하되, 진단보고서 제출 시 개선이 완료되지 않은 사항에 대해 시정지시를 하면 진단 명령을 종결하고 시정지시 절차에 따라 조치를 하는 것이다.

　안전·보건 진단 명령을 수행하는 기관은 산업안전에 대한 전문적인 지식을 갖고 작업조건 및 작업 방법에 대한 평가, 보호구, 안전·보건장비 및 작업환경 개선시설의 적정성 등을 평가하고 진단하므로 위험요인을 충분히 파악하기 때문에 가장 적절한 방법으로 생각되며 아차사고가 빈번히 반복되는 경우 휴먼에러 등 포함하여 위험성평가 하는 것이 좋을 듯하다.

TIP, 꼭 알아 두기

■ 안전진단 명령 관련 법규

산업안전보건법	관련 규정
산업안전보건법 제47조 제1항	추락·붕괴, 화재·폭발, 유해하거나 위험한 물질의 누출 등 산업재해 발생의 위험이 현저히 높은 사업장의 사업주에게 안전보건진단을 받을 것을 명함
근로감독관 집무규정 제27조(재해조사 및 처리)	사업주가 필요한 안전조치 또는 보건조치를 이행하지 아니하여 중대재해가 발생한 사업장에 대해 …중간생략… 산안법 제47조에 따른 안전보건진단을 받아 안전보건개선계획을 수립하여 시행할 것을 명함
근로감독관 집무규정 제41조(안전·보건진단 등)	지방관서장은 추락·붕괴, 화재·폭발, 유해하거나 위험한 물질의 누출 등 산업재해 발생의 위험이 현저히 높은 사업장의 사업주에게 산안법 제47조 제1항에 따른 안전보건진단을 받을 것을 명함

■ 안전진단 명령의 종류

종류	진단내용
종합진단	1. 경영·관리적 사항에 대한 평가 2. 산업재해 또는 사고의 발생 원인 3. 작업조건 및 작업방법에 대한 평가 4. 유해·위험요인에 대한 측정 및 분석 5. 보호구, 안전·보건장비 및 작업 환경 개선시설의 적정성 6. 유해물질의 사용·보관·저장 등 7. 그 밖에 작업 환경 및 근로자 건강 유지·증진 등

안전진단	2. 산업재해 또는 사고의 발생 원인 3. 작업조건 및 작업방법에 대한 평가 4. 유해·위험요인에 대한 측정 및 분석, '가' ~ '마'까지 5. 보호구, 안전·보건장비 및 작업 환경 개선시설의 적정성
보건진단	2. 산업재해 또는 사고의 발생 원인 3. 작업조건 및 작업방법에 대한 평가 4. 유해·위험요인에 대한 측정 및 분석, '바' 목 5. 보호구, 안전·보건장비 및 작업 환경 개선시설의 적정성 6. 유해물질의 사용·보관·저장 등 7. 그 밖에 작업 환경 및 근로자 건강 유지·증진 등

7. 기업의 안전·보건 문화

기업 경영에서 중요한 요소 중 하나는 안전 문화이다. 필자는 중대재해처벌법이 시행 이후 안전보건관리체계 구축이 잘 되어 있는 우수기업들을 만난 적 있다. 우수기업의 선정기준은 안전 문화 정착 및 안전보건과 관련된 전 직원들이 모여 안전시설 투자 및 이슈들을 자유스럽게 논의하고 공유하는 기업들이 대상으로 선정되었다.

우수기업으로 선정된 사업장 사례를 살펴보면 다음과 같다. A 기업의 경우 경영책임자가 주관한 안전점검위원회는 매월 1회 개최하고 연간 안전보건 정책과 안전사업 계획 마련, 안전 순찰시 미조치 사항에 대한 지원을 논의하고 법규 사항, 위험성평가 및 연간 교육계획 등을 검토하였다.

A 기업의 안전점검위원회에서 검토된 논의사항은 회의록으로 작성하여 전 직원에게 전파하고, 안전보건 활동 우수직원들에게는 포상하였다. 그리고 안전점검위원회 진행 시 모든 리더가 안전 순찰 시 참여하여 현장의 위험 요소를 확인하고, 이를 제안사항으로 등록하여 개선 시까지 추적 관리하고 중점 안전 순찰을 통해 월별 추락위험, 전기안전, 협착, 밀폐공간 등 특정 주제에 대한 안전 순찰을 실시하여 위험 요소를 확인하고 개선하도록 하여 우수사례로 선정된 바 있다.

A 기업은 판넬을 취급하는 업종으로 고용노동부 우수기업으로 선정된 가장 큰 이유는 연평균 6,900여 건의 안전 제안이 상시 접수되어 위험 요소들이 발굴되어 개선되었다. 이러한 위험요소 발굴과 위험요인 개선이 되는 결정적인 요인은 기업문화에서 나타났다.

B 기업에서 특징은 경영책임자의 목표와 경영방침에서부터 안전보건에 관한 의지가 강함을 알 수 있다.

【B 기업, 경영책임자 목표와 경영방침】

구분	내용	배점
중대재해 처벌법 시행령 제4조 1호	1. 안전보건경영방침 게시 및 근로자에게 전파하였는가? 　- 사업장 내 잘 보이는 곳에 게시 및 교육 완료 [10점] 　- 게시하였으나 잘 보이지 않거나, 교육 미실시 [5점] 　- 미게시 [0점]	
	2. 안전보건 연간 목표를 수립하여 실행하고 있는가? 　- 사업장 목표를 토대로 부서별 목표 설정함 [10점] 　- 사업장 목표 그대로 사용 [5점] 　- 년간 안전보건 목표 없음 [0점]	
	3. 안전보건 목표를 달성하기 위한 세부추진계획을 작성하였는가? 　- 구체적 세부사업계획수립 및 추진일정과 업무분장 설정 [10점] 　- 구체적이지 않거나, 현장에 맞지 않음 [5점] 　- 세부사업계획이 없음 [0점]	
	4. 세부추진계획별 지정된 담당자의 분기별 1회 이상 이행 관리하고 있는가? 　- 분기별 1회 이상 누락 없이 관리함 [10점] 　- 업무 이행 상태 관리가 일부 누락됨 [5점] 　- 세부추진계획별 지정 담당자 및 이행관리 계획이 없음 [0점]	

	5. 목표 수립 시 재해예방 감소를 위한 노력이나 방안 등이 포함되어 있는가?
	  - 재해분석, 재발방지 대책 수립 및 사업계획에 반영 [10점]
	  - 재해분석, 대책수립, 사업계획에 반영 등이 적절하지 않음 [5점]
	  - 사업계획에 반복재해 감소방안이 포함되지 않음 [0점]

	6. 해당부서 구성원을 대상으로 안전보건 목표에 따라 성과를 평가하는가?
	  - 전 부서 및 구성원을 대상으로 누락 없이 평가함 [10점]
	  - 전 부서 및 구성원을 대상으로 실시하나 일부 누락됨 [5점]
	  - 부서 및 구성원대상 안전보건 성과 평가의 계획 없음 [0점]

합계	

* 출처: 고용노동부 안전보건관리체계 구축 우수사례집 2022.8.

위 B 기업의 안전보건관리체계 구축하였고 중대재해처벌법 시행령 제4조 1호에서 10점의 배점을 얻기 위해서는 경영책임자가 6가지 항목들을 모두 완성해야만 가능하다. 따라서 B 기업의 CEO 노력은 기업 내에서 충분한 안전 문화가 정착되어 있어야만 가능하리라고 본다. 특히 전 부서 및 구성원을 대상으로 누락 없이 평가한다면 이는 종사자의 안전 문화 의식이 탁월하다고 생각된다.

제6장
벌목, 청소, 도로·상하수도, 보안등·가로등, 광고물 작업시 안전조치

1. 벌목작업, 산림작업

벌목작업은 지방자치단체나 산림조합 등에서 업무를 대부분 수행하고 있다. 벌목사고 사례를 살펴보면 작업자들이 기계톱 등을 이용하여 작업 중 벌목된 나무가 넘어지면서 측면에 있는 나무에 부딪힌 후 반대 방향으로 나무가 회전하면서 깔림에 의한 사고, 벌도목 취급용 중장비 전도에 의한 사고, 전기톱에 의한 사고, 산불에 의해 탄 나무를 제거하던 중 잘린 나무에 맞은 사고 등 여러 형태로 재해가 발생하고 있다. 산업안전보건기준에 관한 규칙에서 정하는 벌목작업에 대한 안전규정 내용은 다음과 같다.

【벌목작업 관련 산업안전보건기준에 관한 규칙】

벌목작업 시 등 위험방지 (규칙 제405조)	○ 벌목하려는 경우에는 미리 대피로 및 대피장소를 정해 둘 것 ○ 벌목하려는 나무의 가슴높이지름이 20센티미터 이상인 경우에는 수구의 상면·하면의 각도를 30도 이상으로 하며, 수구 깊이는 뿌리 부분 지름의 4분의 1 이상 3분의 1 이하로 만들 것

	○ 벌목작업 중에는 벌목하려는 나무로부터 해당 나무 높이의 2배에 해당하는 직선거리 안에서 다른 작업을 하지 않을 것 ○ 나무가 다른 나무에 걸려있는 경우에는 걸려있는 나무 밑에서 작업을 하지 않을 것, 받치고 있는 나무를 벌목하지 않을 것 ○ 유압식 벌목기에는 견고한 헤드 가드(head guard)를 부착할 것
벌목의 신호 (규칙제406조)	○ 사업주는 벌목작업을 하는 경우에는 일정한 신호 방법을 정하여 그 작업에 종사하는 근로자에게 주지시켜야 한다. ○ 벌목작업에 종사하는 근로자에게 신호 및 근로자가 대피한 것을 확인한 후에 벌목해야 한다.

위 규칙에서 정하는 것은 벌목작업 하는 경우 안전조치 규정이나 실제 현장에서 발생하는 안전사고 기인물 및 가해물은 나무, 휴대용 공구(전기톱, 기타 절단공구) 굴착기, 차량 등 여러 요인에 의해 발생하고 있다.

구체적인 사고 내용을 설명하면 나무 절단 작업시에는 사용하는 충전용 기계톱에 베임, 넘어지는 벌도목에 맞음, 깔림, 끼임, 급경사지 미끄러짐에 의한 재해가 있고, 조재 작업 때에는 벌목의 가지 절단에 사용하는 톱, 수공구의 낫, 도끼 등에 의한 베임, 쓰러지는 벌목으로 맞음이 있고, 집재 작업할 때는 나무의 운반 작업 시 미끄럼틀에 끼임, 부딪힘과 나무를 집재하는 기계 결함에 의한 깔림, 부딪힘 등 사고가 있고, 운재 작업할 때는 굴착기, 운반 차량을 이용한 벌채 나무 상하차, 운반 작업 중 부딪힘, 끼임, 무너짐, 깔림 등에 의한 사고가 있고 작업자들이 무거운 나무 중량물 취급·운반 때에도 재해가 발생한다.

필자가 경험한 사고는 차량계 건설기계에 해당하는 굴삭기 전도에 의한 사고이고 굴삭기 작업 시 다음과 같이 법 위반사항으로 검토된다.

【벌목작업 관련 산업안전보건기준에 관한 규칙 위반 검토 규정】

산업안전보건법	적용 내용
산업안전보건법 제38조 (안전조치)	② 굴착, 채석, 하역, 벌목, 운송, 조작, 운반, 해체, 중량물 취급, 그 밖의 작업을 할 때 불량한 작업방법 등에 의한 위험으로 인한 산업재해를 예방
산업안전보건기준에 관한 규칙 제20조(출입의 금지 등)	16. 벌목, 목재의 집하 또는 운반 등의 작업을 하는 경우에는 벌목한 목재 등이 아래 방향으로 굴러 떨어지는 등의 위험이 발생할 우려가 있는 장소

건설기계에 해당하는 굴삭기 작업할 때는 기본적으로 검토되는 것은 출입 금지와 사전 조사 및 작업계획서 작성, 중량물 작업에 따른 작업지휘자 지정 등이고 다음과 같이 설명할 수 있다.

【벌목작업 시 관련 법규 및 예방대책】

사고유형	작업내용	관련 법규	예방대책
굴삭기 전도	나무 (원목) 작업 시 굴삭기 전도 깔림	산업안전보건기준에 관한 규칙 제20조, 제38조 제11호 중량물작업, 제39조	○ 출입금지 ○ 작업계획서 작성 ○ 작업지휘자 지정

* 출처: 산업안전보건기준에 관한 규칙 재정리

위 사고 유형에서 작업 중지 해제 심의위원회에서 자주 거론되는 안전대책으로 굴삭기 전도 예방대책, 안전하게 나무를 반출하는 방법, 대피로 및 대피장소 등이 논의되고 있다.

벌목작업에 대해 안전보건관리체계를 구축하는 경우 기본적으로 사전 검토되어야 하는 내용으로 벌목 현장에서 벌목작업 절차서, 유해·위험요인 파악 절차, 벌목작업 종사자들의 의견 청취, 벌목작업 안전수칙 등 이고 위험성 평가시에는 작업 공정별 공학적, 관리적 위험요인들을 검토하여 감소대책을 수립하여 시행하는 것이 바람직하다.

【벌목작업 시 주요 공정별 위험성 요인】

공정	위험성 요인
벌목작업	○ 벌도목에 맞음, 기계톱에 베일 위험 ○ 벌채사면에서 상하작업 시 벌도목이 굴러서 맞음 ○ 벌, 뱀, 독충 등에 의한 재해 위험
조재	○ 벌목작업 구간 출입 시 벌도목에 맞을 위험 ○ 원목 떨어짐 등 발 부상 위험 ○ 부적절한 작업자세 및 방법으로 인한 재해 위험
집재	○ 굴삭기 정비, 기계 등 불량 위험 ○ 굴삭기 와이어로프 손상 파단 위험 ○ 굴삭기에 의한 나르기 등의 작업 중 재해 위험
운재	○ 굴착기 주행 시 지반이 약해 뒤집힘 등 위험 ○ 원목이 과다하게 적재되어 무너짐 ○ 굴착기의 불안전한 작업으로 위험

* 출처: 한국산업안전보건공단 재해사례 및 산업안전보건법 위반 판례 등을 재정리

특히, 벌목 관련 종사자의 의견 청취는 산업안전보건법령에 규정된 안전보건협의회 및 회의체 등의 절차만을 의미하는 것이 아니므로 작업 안전미팅 등 다양한 방법으로 작업현장 여건에 맞도록 활용하되 의견 청취 및 조치 결과를 서식으로 만들어 관리하는 것이 좋다.

【작업절차 검토 및 조치 결과】

의견청취	의견제시	검토결과	조치결과
안전보건 협의체.	예시) 벌목된 나무 굴착기에 의한 운반시 안전대책, 나무가 굴림에 의해 인근 작업자 사고 위험 안전대책	위험성평가	작업방법 변경(임도 개설 후 작업 등)

* 출처: 산업안전보건기준에 관한 규칙 재정리

유해·위험요인을 확인하고 개선하는 절차마련에서 위험성평가를 실시하는 경우 일부 구간 벌목작업 시 굴삭기가 가능한 곳, 굴삭기 작업이 불가능한 곳을 선정하여 불가능한 곳은 다른 방법으로 원목을 운반하는 것으로 대체해야 하고 지반이 약한 경우는 작업 시기를 조정하는 등 조치가 필요하다.

건설기계 의한 벌목작업은 위험요인을 제거하거나 다른 방법으로 대체하거나 작업 허가제 등으로 하여 관리감독자에 의한 작업이 되도록 행정적인 통제 등을 하는 것이다. 벌목작업에 따른 개선대책은 굴삭기에 의한 운반을 하는 경우 작업 지형 및 지반 상태를 사전에 확인하고 작업계획서를 작성하고 작업하는 종사자들에게 차량계 건설기계의 운행경로, 작업방법 등을 알리고(산업안전보건기준에 관한 규칙 제38조 제2항) 작업지휘자를 지정하여 작업하거나 주요 공정별 및 작업별 특별안전교육을 실시해야 한다.

2. 청소작업, 환경정비 작업

청소작업에서 중대재해 발생은 생활폐기물 수집·운반 및 차량에서 작업자가 후면에 탑승하거나 측면 상차작업을 하는 도중 안전사고가 발생한다. 환경부는 지방자치단체 환경미화원 작업 안전 가이드라인을 마련하였다. 환경부가 마련한 가이드라인은 청소 차량에 후방영상 장치, 안전 멈춤바 및 양손 조작방식의 안전 스위치 장치를 모두 설치하여 운영하거나, 보호장구를 환경미화원에게 지급하거나, 주간작업을 원칙으로 하되 작업 인원은 3명(운전자를 포함한다)이 1조를 이루어 작업하거나, 폭염·강추위, 폭우·폭설, 강풍, 미세먼지 등으로부터 환경미화원의 건강 위해를 예방하기 위하여 작업 시간 조정 및 작업 중지 등 필요한 조치를 하도록 하였다. 청소 차량에서 주요 안전사고는 유형 및 위험성 요인을 살펴보면 다음과 같다.

【청소작업 시 위험성 요인】

계절적 요인	○ 동절기 혹한 및 야간에 내린 비로 인해 바닥이 결빙 ○ 폭염·폭우·강풍, 미세먼지에 의한 건강 위해
설비적 요인	○ 차량 후미 발판을 임의로 개조한 상태에서 탑승 ○ 적재함으로 이동할 수 있는 설비의 미설치

* 출처: 한국산업안전보건공단 및 청소작업 재해사례를 재정리

그간 재해사례를 살펴보면 청소 차량 후미에서 작업 발판을 설치하여 근로자 탑승한 상태에서 작업을 하거나, 움직이는 차량에 매달려 올라타거나 이동 중 작업을 하여 사고가 발생하였다. 따라서 작업시 차량에 매

달리거나 올라타서 이동해서는 안 되며 넘어질 위험이 있는 장소에서 작업할 때 작업자는 반드시 안전모(턱끈 체결) 등을 착용하고 작업하도록 안전교육이 필요하고 현장에서는 반드시 이행해야 한다.

특히 관리감독자는 소속된 근로자의 작업복, 보호구 등 그 착용과 사용에 관한 교육과 지도를 하여야 하고 안전모의 경우 한국산업안전보건공단 인증제품에 해당하는 AB 종을 지급하고, 도로주변 및 보행로에서 작업을 하는 경우가 많으므로 근무복은 KC 인증제품을 지급하고, 야간 시인성 확보를 위한 LED 경광등을 표시하여 야간에 원거리에서도 식별할 수 있도록 해야 하며, 우천시를 대비하여 지급하는 우비의 경우 내수압 20,000mm 이상의 방수원단 제품을 지급하고, 안전화는 사계절에 따른 방수, 방풍 및 투수성 및 미끄럼방지 효과가 있도록 하고, 장갑 작업 시 절단·베임·찔림을 충분히 방지할 수 있는 한국산업안전보건공단 인증제품에 해당하는 코팅 장갑 및 절단 방지 장갑을 지급해야 하고, 종량제봉투 압축 회전판 작동 시 또는 음식물류 폐기물 상차작업 시 이물질이 튀어도 눈을 보호할 수 있는 보안경과 2급 이상의 안전인증 방진마스크 또는 미세먼지 저감을 위한 식약처 인증 KF80 이상의 보건용 마스크를 착용하도록 사업주는 지급하여야 한다.

【위험성평가 및 감소대책】

주체	사업장 위험성평가	감소대책
사업주 또는 산업안전보건법 제63조 도급시 도급인과 수급인	○ 근로자참여(제6조) ○ 위험성평가 방법 준수(제7조) ○ 위험성평가 절차(제8조) ○ 사전준비(제9조) ○ 유해·위험요인 파악(제10조) ○ 위험성결정(제11조) ○ 감소대책 수립 및 실행(제12조) ○ 위험성평가의 공유(제13조)	《계절적 요인》 주간작업 등 작업 방법 절차 변경 기상상황에 대한 작업조별 위험상황 공유 등 《설비적 요인》 청소차량 발판 임의 개조 및 탑승 금지 작업계획서 작성 준수, 작업지휘자 지정 운영

* 출처: 고용노동부 사업장 위험성평가에 관한 지침(고용노동부고시 제2023-19호)와 환경부 자료를 재정리함

청소차량은 작업계획서 작성 및 작업지휘자 지정 운영 대상이므로 작업자가 적재함 사이에 끼이는 등 근로자의 위험을 방지하기 위한 예방대책 등을 포함한 작업계획서를 사전 작성하여 작업자에게 전원 공유하고 그 계획서에 따라 안전하게 작업하도록 교육해야 하며 경광등, 경보기 또는 통신시스템(스피커폰) 설치 등 급박한 위험발생 시 사용 가능한 비상정지스위치 설치를 검토하여 반영해야 한다. 청소작업 시 산업안전보건법 위반으로 검토되는 것은 다음과 같다.

【청소 및 환경작업 시 관련 법규 및 예방대책】

사고유형	작업내용	관련법규	예방대책
청소차량 떨어짐	재활용품 및 쓰레기 수거 시 추락 등	산업안전보건기준에 관한 규칙 제38조, 제39조, 제177조, 제187조	○ 작업계획서 작성 ○ 작업지휘자 지정 ○ 로프 풀기 작업 또는 덮개 벗기기 작업 시 화물 떨어짐 위험을 제거한 후 작업 지휘 ○ 적재함으로 이동할 수 있는 설비의 설치 및 사용

* 출처: 산업안전보건기준에 관한 규칙을 재정리함

3. 상수도, 하수도 정비 작업

상수도, 하수도 정비작업 업무절차서 마련 시 필요한 요소는 다음과 같다. 상수도 사업본부는 상수도 공사 및 수돗물의 정수, 배수, 급수, 상수도관 관리(세척)하고 있고 수돗물의 경우 취수하여 약품에 의한 혼합, 응집, 침전, 여과, 살균 등 과정을 위한 작업을 한다. 공공 하수처리시설을 하는 업무는 저장용 탱크 소재의 산화, 저장으로 운반 물질이 산화되면 공기 중의 산소가 빠르게 감소하므로 질식이 일어날 수 있고 산소 결핍 시 산소농도가 18% 미만인 상태에서는 산소결핍 상태로 호흡곤란, 두통 등 건강 장해를 일으킬 수 있다.

【주요 작업 시 유해·위험요인】

작업명	작업내용	유해 위험요인
상하수도 설비작업	○ 건설기계 및 자재반입 ○ 지반 굴착작업 및 흙막이설치 ○ 맨홀 및 관부설 ○ 포장 절단작업 ○ 포장 복구공사	○ 기계, 설비적 요인 - 협착, 충돌, 전도, 추락 ○ 전기적 요인 - 감전, 가스, 아크 ○ 화학적 요인 - 액체, 미스트, 분진, 반응성 물질 ○ 작업특성 요인 - 소음, 진동, 휴먼에러, 질식위험, 중량물 작업
약품처리 작업	○ 폐수처리시설 황하수소 중독	○ 밀폐공간 작업

* 출처: 산업안전보건기준에 관한 규칙 및 산업재해 사례를 재정리함

상하수도 공사 작업 시에는 주로 기계, 설비적 요인으로 포장 절단 작업 시 절단기, 건설기계 장비를 사용하고 있고, 자재 반입 시에는 지게차를 사용하고 지반굴착작업 시에는 굴삭기를 사용하고, 맨홀 작업 시에는 양중기 또는 인양 전용 장비를 사용하고, 포장 작업시에는 다짐장비 등을 사용하므로 건설기계 작업에 대한 안전대책이 요구되며 안전사고 발생 시 적용되는 주요 관련 법규 및 예방대책은 다음과 같다.

【상수도 공사 시 관련 법규 및 예방대책】

사고유형	작업내용	관련법규	예방대책
협착 전도	건설기계 작업	산업안전보건기준에 관한 규칙 제38조, 제39조, 제200조, 제342조, 제343조	○ 작업계획서 작성 ○ 작업지휘자 지정 ○ 충돌위험, 접촉방지 ○ 굴착기계 등 위험방지 ○ 굴착기계등 유도

* 출처: 산업안전보건기준에 관한 규칙 재정리

그간 재해사례를 살펴보면 공공 하수처리시설에서는 정상가동 운영이 아닌 유지보수 과정에서 사고가 발생하였고, 비정상적인 작업에서 질식, 가스 중독에 의한 사고가 발생한 적 있다. 주로 발생하는 사고는 설비 관리나 정비를 하는 수급인에게서 발생하고 있으므로 수급인들이 점검해야 할 장비는 질식, 중독재해 가스 농도 측정 장비, 환기구, 맨홀 작업 시 공기호흡기 등 보호구 착용 등이고 이러한 장비를 작업자들에게 지급하여야 한다.

하수도 설비의 경우 대부분 노후화로 인하여 개보수 작업을 하고 있고 이때 질식 중독 사고가 많다. 그 이유는 현장의 전문인력이 부족하고 민원 발생 등을 우려하여 야간작업 등을 하므로 그 위험성이 증가하고 있다.

그간 하수처리시설 공사에서 발생하였던 산업재해 특징으로는 재해자 다수가 일용 직원으로 충분한 안전교육이 이루어지지 않았고, 주말 야간 공사로 관리감독자가 없는 상태에서 작업이 이루어져 안전 수칙 준수가 되지 않고, 재하청 및 용역 발주에 따른 위험성평가, 산업재해 무관심 관행적 태도에서 발생하였다.

밀폐공간 작업프로그램을 시행하고 사업주는 다음 사항을 확인하여 근로자가 안전한 상태에서 작업하도록 사업주는 조치해야 하고 밀폐공간 작업프로그램을 내용을 정리하면 다음과 같다.

【밀폐공간 작업프로그램】

과제	작업요건 확인
○ 개요 ○ 공기 ○ 환기 ○ 배관, 펌프 ○ 응급구조 ○ 장비	○ 작업기간, 장소, 내용, 관리감독자 배치, 화기작업 시 허가, 근로자 특별안전교육 실시 ○ 적정 산소농도 측정, 독성가스 및 폭발성 등의 농도, 측정시간 및 측정자 - 산소 농도 부족 시 환기 후 재측정 ○ 기계 장비에 의한 강제환기, 강제 급배기 방식 ○ 밀폐공간에서 연결된 펌프나 배관등이 차단되어 공기 유입을 방해하는지 확인 ○ 감시인 배치하고 긴급사항 발생 시 응급구조체계 마련 ○ 산소 및 유해가스 농도 측정기, 안전대, 구명줄, 인양장비, 통신수단, 공기호흡기 등

* 출처: 산업안전보건기준에 관한 규칙 및 산업재해 사례를 재정리함

관리감독자는 밀폐공간에서 작업을 하는 동안 작업 상황을 감시할 수 있는 감시인을 지정하여 밀폐공간 외부에 배치하여야 하며 밀폐공간 작업 시에는 관계 근로자가 아닌 사람의 출입을 금지하고 밀폐공간 작업시 해당 근로자에게 안전대나 구명밧줄, 공기호흡기 또는 송기 마스크를 지급하고 착용 후 작업하도록 해야 한다.

중대재해처벌법 시행령 제4조 제8호는 중대재해 발생 및 발생할 급박한 위험에 대비한 매뉴얼 마련 및 점검을 하도록 규정하고 있고 작업중지, 근로자 대피, 위험요인 제거, 구호 조치를 하도록 규정하는바, 위 밀폐공간에서 작업시 공기호흡기 또는 송기 마스크, 사다리 및 섬유로프 등 비상시에 근로자를 피난시키거나 구출하는 데 필요한 기구를 준비하여 추가 피해를 방지하는 조치 매뉴얼 마련하고 그에 따라 현장에서 잘 조치되고 있는지 반기 1회 이상 점검해야 한다.

【밀폐공간 작업 시 관련 법규 및 예방대책】

사고유형	작업내용	관련법규	예방대책
질식	밀폐공간 작업	산업안전보건기준에 관한 규칙 제619조, 제620조, 제621조~제625조	○ 밀폐공간 작업 프로그램을 수립 ○ 산소 및 유해가스 농도의 측정 ○ 환기, 적정공기 유지 ○ 출입금지, 인원점검 ○ 감시인 배치, 안전대, 대피용 기구배치 등

* 출처: 산업안전보건기준에 관한 규칙 및 재해사례를 재정리함

4. 도로보수 및 하천정비 작업

지방자치단체 건설과에는 도로보수와 하천을 담당하는 팀이 있었고 별도 공무직이 지방도로와 지방하천을 정비한다. 특히 겨울철 외각지 지방도로에서 기온 하강으로 도로가 얼어 시내버스 등 차량 운행을 원활하기 위해서는 염화칼슘을 도로에 살포하는 작업을 하게 된다.

필자는 과거 차량 위에 올라가 염화칼슘을 살포하는데 삽으로 작업을 하는데 아무런 안전조치 없이 운행 중인 차량 위에서 작업하는 것을 여러 번 본 적 있다.

특히, 겨울철 동절기 염화칼슘 살포기 탑재 장비인 제설작업용 건설기계(15톤 덤프트럭) 작업 또는 화물차 상부에서 작업은 작업 전 예방대책이 필요하다. 여름철에는 수해로 하천이 범람할 때 발생하는 도시 하천의 각종 오물 등 제거를 위해 굴삭기 등 건설기계와 함께 작업지휘자 없이 작업한 사례를 여러 번 본 적 있다. 도로보수 및 하천정비 작업시 유해·위험요인은 다음과 같이 살펴볼 수 있다.

【주요 작업 시 유해·위험요인】

건설기계	주요 작업	유해 위험요인
덤프트럭 (노면청소, 제설차량 장비 탑재) 굴삭기	○ 제설용 염화칼슘 살포 ○ 트럭에서 오물 작업 상하차 ○ 차량계 건설기계 혼재작업 ○ 도로 도색작업, 청소작업	○ 추락(작업자 화물차 상부) ○ 건설기계 협착, 끼임

* 출처: 산업안전보건기준에 관한 규칙 및 산업재해 사례를 재정리함

도로보수 및 하천 정비작업의 경우 건설기계 장비를 사용하거나 덤프트럭에 특수 장비를 탑재하여 작업을 하므로 안전사고에 대비한 관련 법규를 충실하게 이행해야 한다.

【도로보수 및 하천 정비작업 시 관련 법규 및 예방대책】

작업내용	관련법규	예방대책
차량계 건설기계를 사용한 제설작업 노면청소 하천정비 작업	산업안전보건기준에 관한 규칙 제20조 제38조, 제171조, 제172조	○ 작업계획서 작성 ○ 작업지휘자 배치 ○ 출입통제 ○ 차량계 하역운반기계 유도자 배치 ○ 전도등의 방지, 접촉의 방지

*출처: 산업안전보건기준에 관한 규칙 재정리

도로보수 및 하천 정비작업 시 산업안전보건기준에 관한 규칙에서 적용되는 관련 업무의 수행은 관리감독자이다. 앞서 필자는 관리감독자는 사업장의 생산과 관련하는 업무와 그 소속 직원을 직접 지휘·감독하는 직위에 있는 사람이고, 근로자 작업복·보호구 및 방호장치의 점검과 그 착용·사용에 관한 교육·지도와【별표4】에 의한 관리감독자의 유해·위험방지 업무와 작업 시작하기 전 필요한 사항 점검과【별표4】사전 조사 및 작업계획서 작성의 주체라고 설명한 바 있다.

도로 및 하천에서 건설기계에 의한 작업 때 여러 종류의 작업 차량이나 작업자들이 혼재되어 복합적으로 작업을 하고 있으므로 근로자 충돌을 예방하기 위해서는 위험성을 미리 파악하여 감소대책을 수립 후 작업을 하도록 해야 한다.

산업안전보건기준에 관한 규칙 제38조에서 정한 사전조사 및 작업계획서 작성은 차량계 건설기계의 운행경로 및 작업 방법 등이 포함되어야 하고 혼재된 작업 특성상 작업 혼선 및 안전 공백을 최소화하기 위해 다른 건설기계 작업자 간 통합된 작업계획을 공유하고 이러한 내용들을 관리감독자는 교육을 시행해야 한다.

겨울철 노면 청소작업과 차량계 건설기계에서 작업과 동시에 수행하는 작업은 유기적으로 움직이는 작업 특성을 반영하여 건설기계에 접촉하지 않도록 일정한 신호체계를 구축하고 작업시 그 구축된 신호와 유도 등에 의해서만 운행되도록 하여야 한다.

유도자를 배치하여 접촉 방지 조치를 할 때는 차량계 하역운반기계(화물자동차, 고소작업대, 지게차 등)에 의한 충돌사고와 화물자동차 등을 후진으로 운전할 때 운행 경로상에 작업근로자와 장애물 등을 사전에 제거하고 유도자를 배치한 상태에서 서행하면서 운전하도록 작업계획을 수립하여야 한다. 산업안전보건기준에 관한 규칙에서 정하는 신호, 유도자, 작업지휘자 등에 대하여 배치하도록 하는 규칙 내용은 다음과 같이 정리할 수 있다.

【신호, 유도자, 작업지휘자 배치】

신호	【일정한 신호방법 정하여 신호】 ○ 산업안전보건기준에 관한 규칙 제40조(신호) 다음 각호의 작업을 하는 경우 일정한 신호 방법을 정하여 신호하도록 하여야 하며, 운전자는 그 신호에 따라야 함 　- 양중기(揚重機)를 사용하는 작업 　- 제171조 및 제172조 제1항 단서에 따라 유도자를 배치하는 작업

	- 제200조 제1항 단서에 따라 유도자를 배치하는 작업 - 항타기 또는 항발기의 운전작업 - 중량물을 2명 이상의 근로자가 취급하거나 운반하는 작업 - 양화장치를 사용하는 작업 - 제412조에 따라 유도자를 배치하는 작업 - 입환작업(入換作業) 주) 규칙 제171조, 제172조는 차량계하역운반기계 등 작업시 전도 등의 방지 및 접촉의 방지이고, 규칙 제173조 ~ 제178조는 화물 적재, 이송, 주용도 외 사용 제한, 수리 등 작업시 조치, 싣거나 내리는 작업, 허용하중 초과 등 제한을 설명함
유도자	【차량계하역운반기계 등 작업시 유도자 배치】 ○ 산업안전보건기준에 관한 규칙 제171조, 제172조 - 차량계하역운반기계가 굴러 떨어짐으로 근로자 위험방지와 하역운반기계 작업시 운반중 화물 접촉으로 위험방지 ○ 동 규칙 제200조(접촉방지), 제344조(굴착기계등 유도), 제375조(굴착기등 유도) - 굴착작업을 할 때 굴착기계 등이 후진시 유도자 배치 ○ 동 규칙 제414조(입환작업시 위험방지, 유도자 지정)
작업 지휘자	【작업지휘자 지정】 ○ 산업안전보건기준에 관한 규칙 제38조 제1항 제2호 제6호 제8호 제10호 및 제11호의 작업계획서를 작성한 경우 작업지휘자를 지정하여 작업계획서에 따라 작업을 지휘 ○ 동 규칙 제92조(정비 등의 작업시 운전정지 등) ○ 동 규칙 제172조(접촉의 방지) - 제39조에 따른 작업지휘자 또는 유도자를 배치하고 그 차량계 하역 운반시키게 등을 유도 ○ 동 규칙 제328조 제1항 관련, [별표 4]에서 굴착작업, 교량작업

* 출처: 산업안전보건기준에 관한 규칙 재정리

Tip, 꼭 알아 두기

■ 사전조사 및 작업계획서 내용

○ 산업안전보건기준에 관한 규칙 [별표 4](산업안전보건기준에 관한 규칙 제38조 제1항 관련)

작업명	사전조사 내용	작업계획서 내용
2. 차량계 하역운반기계등을 사용하는 작업	-	가. 해당 작업에 따른 추락·낙하·전도·협착 및 붕괴 등의 위험 예방대책 나. 차량계 하역운반기계등의 운행경로 및 작업방법
3. 차량계 건설기계를 사용하는 작업	해당 기계의 굴러 떨어짐, 지반의 붕괴 등으로 인한 근로자의 위험을 방지하기 위한 해당 작업장소의 지형 및 지반상태	가. 사용하는 차량계 건설기계의 종류 및 성능 나. 차량계 건설기계의 운행경로 다. 차량계 건설기계에 의한 작업방법
11. 중량물의 취급작업	-	가. 추락위험을 예방할 수 있는 안전대책 나. 낙하위험을 예방할 수 있는 안전대책 다. 전도위험을 예방할 수 있는 안전대책 라. 협착위험을 예방할 수 있는 안전대책 마. 붕괴위험을 예방할 수 있는 안전대책

주) 도로보수 및 하천정비 작업 관련하여 사고 발생시 법 위반으로 검토될 수 있는 내용을 재정리함

5. 광고물 정비 작업

필자는 2023년경 충남 논산시청에서 중대재해처벌법 관련하여 설명회에서 광고물 작업시 안전조치에 말을 한 적 있다. 광고물 부착 등 업무를 하는 부서에서 차량 또는 작업용 사다리에 올라가서 현수막을 제거하는 경우는 비교적 간단히 작업을 하는 것으로 생각하나 사다리 위에서 작업은 위험하므로 산업안전보건기준에 관한 규칙에 따른 안전조치가 필요하다. 최근 산업안전보건 기준에 관한 규칙을 개정하여 사다리 작업시 추락에 의한 위험방지 조치사항으로 작업발판 및 추락방호망을 설치하기 곤란한 경우에는 근로자로 하여금 3개 이상의 버팀대를 가지고 지면으로부터 안정적으로 세울 수 있는 구조를 갖춘 이동식 사다리를 사용하여 작업하도록 준수하도록 조치해야 한다. (산업안전보건기준에 관한 규칙 제43조)

【이동식 사다리 작업】

추락 방지, 사다리 작업시 안전조치 사항(2024.6.28. 신설)

1. 평탄하고 견고하며 미끄럽지 않은 바닥에 이동식 사다리를 설치할 것
2. 이동식 사다리의 넘어짐을 방지하기 위해 다음 각 목의 어느 하나 이상에 해당하는 조치를 할 것
   가. 이동식 사다리를 견고한 시설물에 연결하여 고정할 것
   나. 아웃트리거(outrigger, 전도방지용 지지대)를 설치하거나 아웃트리거가 붙어 있는 이동식 사다리를 설치할 것
   다. 이동식 사다리를 다른 근로자가 지지하여 넘어지지 않도록 할 것
3. 이동식 사다리의 제조사가 정하여 표시한 이동식 사다리의 최대사용하중을 초과하지 않는 범위 내에서만 사용할 것
4. 이동식 사다리를 설치한 바닥면에서 높이 3.5미터 이하의 장소에서만 작업할 것

5. 이동식 사다리의 최상부 발판 및 그 하단 디딤대에 올라서서 작업하지 않을 것. 다만, 높이 1미터 이하의 사다리는 제외
6. 안전모를 착용하되, 작업 높이가 2미터 이상인 경우에는 안전모와 안전대를 함께 착용할 것
7. 이동식 사다리 사용 전 변형 및 이상 유무 등을 점검하여 이상이 발견되면 즉시 수리하거나 그 밖에 필요한 조치를 할 것

광고물과 현수막 제거 작업을 하는 경우 관리감독자는 위험성평가를 통해 위험요인을 사전에 제거하여 작업을 하도록 조치해야 한다. 따라서 작업발판 대용으로 이동식 사다리 사용은 지양하고 고소작업대를 사용하는 방안으로 검토되어야 한다.

【이동식 사다리 작업시 관련 법규 및 예방대책】

작업내용	관련법규	예방대책
이동식 사다리 작업중 추락	산업안전보건기준에 관한 규칙 제3조, 제32조, 제35조, 제42조	ㅇ 전도의 방지 ㅇ 보호구 지급 ㅇ 관리감독자 유해 위험 방지 업무 ㅇ 추락의 방지

* 출처: 산업안전보건기준에 관한 규칙 재정리

Tip, 꼭 알아 두기

■ 작업시작 전 점검사항

○ 산업안전보건기준에 관한 규칙 [별표 3](산업안전보건기준에 관한 규칙 제35조 제2항 관련)

작업의 종류	점검내용
9. 지게차를 사용하여 작업을 하는 때(제2편제1장제10절제2관)	가. 제동장치 및 조종장치 기능의 이상 유무 나. 하역장치 및 유압장치 기능의 이상 유무 다. 바퀴의 이상 유무 라. 전조등·후미등·방향지시기 및 경보장치 기능의 이상 유무
10. 구내운반차를 사용하여 작업을 할 때(제2편제1장제10절제3관)	가. 제동장치 및 조종장치 기능의 이상 유무 나. 하역장치 및 유압장치 기능의 이상 유무 다. 바퀴의 이상 유무 라. 전조등·후미등·방향지시기 및 경음기 기능의 이상 유무 마. 충전장치를 포함한 홀더 등의 결합상태의 이상 유무
11. 고소작업대를 사용하여 작업을 할 때(제2편제1장제10절제4관)	가. 비상정지장치 및 비상하강 방지장치 기능의 이상 유무 나. 과부하 방지장치의 작동 유무(와이어로프 또는 체인구동방식의 경우) 다. 아웃트리거 또는 바퀴의 이상 유무 라. 작업면의 기울기 또는 요철 유무 마. 활선작업용 장치의 경우 홈·균열·파손 등 그 밖의 손상 유무
12. 화물자동차를 사용하는 작업을 하게 할 때(제2편제1장제10절제5관)	가. 제동장치 및 조종장치의 기능 나. 하역장치 및 유압장치의 기능 다. 바퀴의 이상 유무

14. 차량계 건설기계를 사용하여 작업을 할 때(제2편제1장제12절제1관)	브레이크 및 클러치 등의 기능
16. 근로자가 반복하여 계속적으로 중량물을 취급하는 작업을 할 때(제2편제5장)	가. 중량물 취급의 올바른 자세 및 복장 나. 위험물이 날아 흩어짐에 따른 보호구의 착용 다. 카바이드·생석회(산화칼슘) 등과 같이 온도상승이나 습기에 의하여 위험성이 존재하는 중량물의 취급방법 라. 그 밖에 하역운반기계등의 적절한 사용방법

주) 도로보수 및 하천정비 작업에 관련된 주요사항 재정리

6. 보안등·가로등 보수 작업

　가로등이나 보안등 설치는 지역 주민의 편의 증진 및 안전한 생활환경 조성을 목적으로 지방자치단체에서 유지보수하고 있고 작업에 관한 내용을 지방자치단체에서 조례로 제정하여 운영하고 있다.

　가로등 및 보안등 설치와 유지보수를 할 때 전기 작업과 동시에 수행하고 있으나 예산 부족으로 외부 전문업체에 유지보수를 하지 않고 경미한 것은 자체적으로 긴급히 수선하는 경우가 있다.

　필자는 가로등 보수 작업차에서 전구를 교체하거나 사다리를 올라가서 스위치 박스 등을 수선한 경우와 고압 전주 근처에서 등기구 설치작업을 하였던 위험한 상황을 본 적 있다. 지난 2023년경 충남 논산시 가로등 등기구 정비사업 현장에서 사다리 작업 때 떨어져 바닥에 추락하는 사망하는 사고가 발생하였고, 육교 아래 비상계단에서 보안등 교체 작업 중 이동식 사다리에서 떨어지는 사고를 확인한 적 있다.

　가로등이나 보안등 작업은 고소작업에 해당하고 전기작업이 수반되므로 절연용 보호구 착용을 반드시 착용하여야 안전사고를 예방할 수 있다. 가로등 또는 보안등 작업 시 발생하는 위험요인은 다음과 같다.

【가로등 보안등 작업 시 주요 사고 원인 및 예방대책】

사고 원인	예방대책
ㅇ 보안등 전원 배선 피복 손상, 노출된 충전부 접촉 ㅇ 작업 중 안전 보호구 미착용 ㅇ 경사가 있어 전도 위험 있는 바닥 A형 사다리 설치작업 ㅇ 교량 슬래브 단부 안전대 부착 설비 미설치	ㅇ 전기 기계기구 외함 접지 ㅇ 절연용 보호구 착용 ㅇ 추락 위험 있는 천장 보안등전구 교체 작업 시 비계조립 등 작업발판 설치 후 작업 ㅇ 추락 위험장소 안전대 부착설비 설치, 고소작업대 활용

* 출처: 산업안전보건기준에 관한 규칙 및 재해사례를 재정리함

특히 교량 슬래브단에서 미관용으로 설치된 가로등 및 경관등 이상 유무를 점검하던 중 지면으로 추락하는 사고가 종종 발생하고 있고 이러한 원인은 해당 전로를 차단하지 않고 작업을 하는 경우에 해당한다. 가로등 보안등 전기작업시 다음과 같이 예방대책을 들 수 있다.

【작업내용에 따른 관련법규 및 예방대책】

작업내용	관련법규	예방대책
가로등 보안등 신설 및 유지 보수 작업	산업안전보건기준에 관한 규칙 제318조, 제319조, 제321조, 제322조, 제323조	ㅇ 전기 작업자 제한 ㅇ 감전 우려 시 해당전로 차단 ㅇ 충전전로 취급 근로자에게 적합한 절용 보호구 착용 등 ㅇ 충전전로 이격거리유지 ㅇ 절연용 방호구, 활선작업용 기구, 활선작업용 장치

* 출처: 산업안전보건기준에 관한 규칙 및 재해사례를 재정리함

참고문헌

【학술논문】

김형근, "건설업 산업재해 예방 모델 효과성 추정에 관한 연구", 한국부동산정책학회, 부동산정책연구, 2021, 제22권. 제1호, pp. 55-69.

김형근·김일태·박성강, "작업 환경과 일자리 변동의 관계", 산업경제학회, 산업경제연구, 2022, 제35권. 제3호, pp. 609-631.

김형근, "위계적 회귀분석 모형을 활용한 건설업 산업재해 예방에 관한 연구", 한국건설경제산업학회, 건설경제산업연구, 2023, 제9권, 제1호, pp. 33-55.

김형근·김부성, "산업재해감축을 위한 안전보건관리체계 구축에 관한 연구: 위계적 회귀모형과 의사결정나무모형 분석 중심으로", 한국콘텐츠학회 종합학술대회 논문집, 2024.

김형근·김일태, "컴플라이언스 구축 요소에 관한 연구", 한국경제통상학회 춘계학술대회 발표 논문, 2024, pp. 409-418.

김형근·김일태, "중대산업재해 예방과 관리감독자의 안전관리: 판례 분석과 위계적 추정 모형을 중심으로", 2025년 경제학공동학술대회 발표 논문, pp. 51-74.

Clarke, S., (2013), "Safety leadership : A meta-analytic review of transformational and transactional leadership styles as antecedents of safety behaviours", *Journal of Occupational Health Psychology*, Vol. 86, No. 1, pp. 22-49.

Guo, B. H., Goh, Y. M., & Wong, K. L. X., (2018), "A system dynamics view of a behavior-based safety program in the construction industry" *Safety Science*, Vol. 104, pp. 202-215.

Jane E. Mullen and E. Kevin Kelloway, (2009), "Safety leadership: A longitudinal study of the effects of transformational leadership on safety outcomes", *Journal of occupational and organizational psychology* Vol. 82, No. 2, pp. 252-272.

Lu, C.-S., & Yang, C.-S., (2010), "Safety leadership and safety behavior in container terminal operations", *Safety Science*, Vol. 48, No. 2, 2010, pp.123-134.

Pedhazur, E.J., (1997), "Multiple Regression in Behavioral Research,: An Explanation and Prediction, 3rd Edition, Harcourt Brace Orlando.

Petrocelli, J.V., (2003), "Hierarchical Multiple Regression in Counseling Research: Common Problems and Possible Remedies", *Measurement and Evaluation in Counseling and Development*, 36(1), 9-22.

Stone-Romero, Eugene F. and Patrick J. Rosopa, (2008), "The Relative Validity of Inferences About Mediation as a Function of Research Design Characteristics", *Organizational Research Methods*, V11(2), 326-352.

Smith, T. D., Eldridge, F., & DeJoy, D. M., (2016), "Safety-specific transformational and passive leadership influences on firefighter safety climate perceptions and safety behavior outcomes", *Safety Science*, Vol. 86, pp.92-97.

Tabachnick, Barbara G. and Fidell, L.S., (2007), "Using Multivariate Statistics, 5th Edition, New York: Allyn and Bacon.

Wu, T. C., Chen, C. H., &Li, C. C, (2008), "A correlation among safety leadership, safety climate and safety performance". *Journal of Loss Prevention in the Process Industries*, Vol. 21, No. 3, pp.307-318.

Zhang, M., & Fang, D, (2013), "A continuous behavior-based safety strategy for persistent safety improvement in construction industry", *Automation in Construction*, Vol. 34, pp.101-107.

【참고도서, 기타자료】
고용노동부, 「도급시 산업재해예방 운영지침」, 2020. 3.
고용노동부, 「중대재해처벌법 중대산업재해 해설」, 2021. 11.
고용노동부, 「중대재해처벌법 Q&A 모음(국민신문고)」, 2022.

고용노동부, 「소규모사업장 안전보건관리체계 구축가이드」, 2022.

고용노동부, 「경영책임자와 관리자가 알아야 할 중대재해처벌법 따라하기 안내서」, 2022.

고용노동부, 「안전보건관리체계 구축 우수사례집」, 2023.

고용노동부, 「중대재해처벌법 중대산업재해질의 회시집」, 2023. 5.

고용노동부, 「2023년 산업재해 현황 부가통계」, 2024. 3. 7.

고용노동부, 「근로감독관 집무규정」, 2024.

안전보건공단, 「국내 재해사례」, 2020년 ~2024년

환경부, 「환경미화원 작업안전 가이드라인」, 2024.

고용노동부 정책자료실, https:www.moel.go.kr

대법원 종합법률 정보, https:glaw.scourt.go.kr

법제처, https:moleg.go.kr

산업안전보건청, www.hse.gov.uk

세계 법제 정보센터, world.moleg.go.kr.

한국안전보건공단, https:www.kosha.or.kr

통계청, https:www.kostat.go.kr

부록 1

안전·보건 관리규정

산업안전보건법
[시행 2024. 5. 17.] [법률 제19591호, 2023. 8. 8 타법개정]

제25조(안전보건관리규정의 작성) ① 사업주는 사업장의 안전 및 보건을 유지하기 위하여 다음 각 호의 사항이 포함된 안전보건관리규정을 작성하여야 한다.

  1. 안전 및 보건에 관한 관리조직과 그 직무에 관한 사항

  2. 안전보건교육에 관한 사항

  3. 작업장의 안전 및 보건 관리에 관한 사항

  4. 사고 조사 및 대책 수립에 관한 사항

  5. 그 밖에 안전 및 보건에 관한 사항

② 제1항에 따른 안전보건관리규정(이하 "안전보건관리규정"이라 한다)은 단체협약 또는 취업규칙에 반할 수 없다. 이 경우 안전보건관리규정 중 단체협약 또는 취업규칙에 반하는 부분에 관하여는 그 단체협약 또는 취업규칙으로 정한 기준에 따른다.

③ 안전보건관리규정을 작성하여야 할 사업의 종류, 사업장의 상시근로자 수 및 안전보건관리규정에 포함되어야 할 세부적인 내용, 그 밖에 필요한 사항은 고용노동부령으로 정한다.

제26조(안전보건관리규정의 작성·변경 절차) 사업주는 안전보건관리규정을 작성하거나 변경할 때에는 산업안전보건위원회의 심의·의결을 거쳐야 한다. 다만, 산업안전보건위원회가 설치되어 있지 아니한 사업장의 경우에는 근로자대표

의 동의를 받아야 한다.

제27조(안전보건관리규정의 준수) 사업주와 근로자는 안전보건관리규정을 지켜야 한다.

산업안전보건법 시행규칙
[시행 2025.1.1] [고용노동부령 제419호, 2024. 6. 28 일부개정]

제25조(안전보건관리규정의 작성) ① 법 제25조 제3항에 따라 안전보건관리규정을 작성해야 할 사업의 종류 및 상시근로자 수는 별표 2와 같다.

② 제1항에 따른 사업의 사업주는 안전보건관리규정을 작성해야 할 사유가 발생한 날부터 30일 이내에 별표 3의 내용을 포함한 안전보건관리규정을 작성해야 한다. 이를 변경할 사유가 발생한 경우에도 또한 같다.

③ 사업주가 제2항에 따라 안전보건관리규정을 작성할 때에는 소방·가스·전기·교통 분야 등의 다른 법령에서 정하는 안전관리에 관한 규정과 통합하여 작성할 수 있다.

■ 산업안전보건법 시행규칙 [별표 2]

안전보건관리규정을 작성해야 할 사업의 종류 및 상시근로자 수(법 제25조 제1항 관련)

사업의 종류	상시근로자 수
1. 농업 2. 어업 3. 소프트웨어 개발 및 공급업 4. 컴퓨터 프로그래밍, 시스템 통합 및 관리업 4의2. 영상·오디오물 제공 서비스업	300명 이상

5. 정보서비스업 6. 금융 및 보험업 7. 임대업; 부동산 제외 8. 전문, 과학 및 기술 서비스업(연구개발업은 제외한다) 9. 사업지원 서비스업 10. 사회복지 서비스업	
11. 제1호부터 제4호까지, 제4호의2 및 제5호부터 제10호까지의 사업을 제외한 사업	100명 이상

■ 산업안전보건법 시행규칙 [별표 3]

안전보건관리규정의 세부 내용(제25조 제2항 관련)

1. 총칙

　가. 안전보건관리규정 작성의 목적 및 적용 범위에 관한 사항

　나. 사업주 및 근로자의 재해 예방 책임 및 의무 등에 관한 사항

　다. 하도급 사업장에 대한 안전·보건관리에 관한 사항

2. 안전·보건 관리조직과 그 직무

　가. 안전·보건 관리조직의 구성방법, 소속, 업무 분장 등에 관한 사항

　나. 안전보건관리책임자(안전보건총괄책임자), 안전관리자, 보건관리자, 관리감독자의 직무 및 선임에 관한 사항

　다. 산업안전보건위원회의 설치·운영에 관한 사항

　라. 명예산업안전감독관의 직무 및 활동에 관한 사항

　마. 작업지휘자 배치 등에 관한 사항

3. 안전·보건교육

　가. 근로자 및 관리감독자의 안전·보건교육에 관한 사항

　나. 교육계획의 수립 및 기록 등에 관한 사항

4. 작업장 안전관리

　가. 안전·보건관리에 관한 계획의 수립 및 시행에 관한 사항

　나. 기계·기구 및 설비의 방호조치에 관한 사항

　다. 유해·위험기계등에 대한 자율검사프로그램에 의한 검사 또는 안전검사에 관한 사항

　라. 근로자의 안전수칙 준수에 관한 사항

　마. 위험 물질의 보관 및 출입 제한에 관한 사항

　바. 중대재해 및 중대산업사고 발생, 급박한 산업재해 발생의 위험이 있는 경우 작업중지에 관한 사항

　사. 안전표지·안전수칙의 종류 및 게시에 관한 사항과 그 밖에 안전관리에 관한 사항

5. 작업장 보건관리

　가. 근로자 건강진단, 작업 환경측정의 실시 및 조치절차 등에 관한 사항

　나. 유해물질의 취급에 관한 사항

　다. 보호구의 지급 등에 관한 사항

　라. 질병자의 근로 금지 및 취업 제한 등에 관한 사항

　마. 보건표지·보건수칙의 종류 및 게시에 관한 사항과 그 밖에 보건관리에 관한 사항

6. 사고 조사 및 대책 수립

　가. 산업재해 및 중대산업사고의 발생 시 처리 절차 및 긴급조치에 관한 사항

　나. 산업재해 및 중대산업사고의 발생원인에 대한 조사 및 분석, 대책 수립에 관한 사항

　다. 산업재해 및 중대산업사고 발생의 기록·관리 등에 관한 사항

7. 위험성평가에 관한 사항

   가. 위험성평가의 실시 시기 및 방법, 절차에 관한 사항

   나. 위험성 감소대책 수립 및 시행에 관한 사항

8. 보칙

   가. 무재해운동 참여, 안전·보건 관련 제안 및 포상·징계 등 산업재해 예방을 위하여 필요하다고 판단하는 사항

   나. 안전·보건 관련 문서의 보존에 관한 사항

   다. 그 밖의 사항

사업장의 규모·업종 등에 적합하게 작성하며, 필요한 사항을 추가하거나 그 사업장에 관련되지 않는 사항은 제외할 수 있다.

부록 2

사업장 위험성평가에 관한 지침

[시행 2025. 1. 2] [고용노동부고시 제2024-76호, 2024. 12. 18 일부개정.]

제1장 총칙

제1조(목적) 이 고시는 「산업안전보건법」 제36조에 따라 사업주가 스스로 사업장의 유해·위험요인에 대한 실태를 파악하고 이를 평가하여 관리·개선하는 등 필요한 조치를 통해 산업재해를 예방할 수 있도록 지원하기 위하여 위험성평가 방법, 절차, 시기 등에 대한 기준을 제시하고, 위험성평가 활성화를 위한 시책의 운영 및 지원사업 등 그 밖에 필요한 사항을 규정함을 목적으로 한다.

제2조(적용범위) 이 고시는 위험성평가를 실시하는 모든 사업장에 적용한다.

제3조(정의) ① 이 고시에서 사용하는 용어의 뜻은 다음과 같다.

1. "유해·위험요인"이란 유해·위험을 일으킬 잠재적 가능성이 있는 것의 고유한 특징이나 속성을 말한다.
2. "위험성"이란 유해·위험요인이 사망, 부상 또는 질병으로 이어질 수 있는 가능성과 중대성 등을 고려한 위험의 정도를 말한다.
3. "위험성평가"란 사업주가 스스로 유해·위험요인을 파악하고 해당 유해·위험요인의 위험성 수준을 결정하여, 위험성을 낮추기 위한 적절한 조치를 마련하고 실행하는 과정을 말한다.
4. "근로자"란 기간제, 단시간, 파견 등 고용형태 및 국적과 관계없이 「산업안전보건법」 제2조제3호에 따른 근로자를 말한다.
5. 삭제

6. 삭제

7. 삭제

8. 삭제

② 그 밖에 이 고시에서 사용하는 용어의 뜻은 이 고시에 특별히 정한 것이 없으면 「산업안전보건법」(이하 "법"이라 한다), 같은 법 시행령(이하 "영"이라 한다), 같은 법 시행규칙(이하 "규칙"이라 한다) 및 「산업안전보건기준에 관한 규칙」(이하 "안전보건규칙"이라 한다)에서 정하는 바에 따른다.

제4조(정부의 책무) ① 고용노동부장관(이하 "장관"이라 한다)은 사업장 위험성평가가 효과적으로 추진되도록 하기 위하여 다음 각 호의 사항을 강구하여야 한다.

1. 정책의 수립·집행·조정·홍보
2. 위험성평가 기법의 연구·개발 및 보급
3. 사업장 위험성평가 활성화 시책의 운영
4. 위험성평가 실시의 지원
5. 조사 및 통계의 유지·관리
6. 그 밖에 위험성평가에 관한 정책의 수립 및 추진

② 장관은 제1항 각 호의 사항 중 필요한 사항을 한국산업안전보건공단(이하 "공단"이라 한다)으로 하여금 수행하게 할 수 있다.

제2장 사업장 위험성평가

제5조(위험성평가 실시주체) ① 사업주는 스스로 사업장의 유해·위험요인을 파악하고 이를 평가하여 관리 개선하는 등 위험성평가를 실시하여야 한다.

② 법 제63조에 따른 작업의 일부 또는 전부를 도급에 의하여 행하는 사업의 경우는 도급을 준 도급인(이하 "도급사업주"라 한다)과 도급을 받은 수급인(이하 "수급사업주"라 한다)은 각각 제1항에 따른 위험성평가를 실시하여야 한다.

③ 제2항에 따른 도급사업주는 수급사업주가 실시한 위험성평가 결과를 검토하

여 도급사업주가 개선할 사항이 있는 경우 이를 개선하여야 한다.

제5조의2(위험성평가의 대상) ① 위험성평가의 대상이 되는 유해·위험요인은 업무 중 근로자에게 노출된 것이 확인되었거나 노출될 것이 합리적으로 예견 가능한 모든 유해·위험요인이다. 다만, 매우 경미한 부상 및 질병만을 초래할 것으로 명백히 예상되는 유해·위험요인은 평가 대상에서 제외할 수 있다.

② 사업주는 사업장 내 부상 또는 질병으로 이어질 가능성이 있었던 상황(이하 "아차사고"라 한다)을 확인한 경우에는 해당 사고를 일으킨 유해·위험요인을 위험성평가의 대상에 포함시켜야 한다.

③ 사업주는 사업장 내에서 법 제2조제2호의 중대재해가 발생한 때에는 지체 없이 중대재해의 원인이 되는 유해·위험요인에 대해 제15조제2항의 위험성평가를 실시하고, 그 밖의 사업장 내 유해·위험요인에 대해서는 제15조제3항의 위험성평가 재검토를 실시하여야 한다.

제6조(근로자 참여) 사업주는 위험성평가를 실시할 때, 법 제36조제2항에 따라 다음 각 호에 해당하는 경우 해당 작업에 종사하는 근로자를 참여시켜야 한다.

1. 유해·위험요인의 위험성 수준을 판단하는 기준을 마련하고, 유해·위험요인별로 허용 가능한 위험성 수준을 정하거나 변경하는 경우
2. 해당 사업장의 유해·위험요인을 파악하는 경우
3. 유해·위험요인의 위험성이 허용 가능한 수준인지 여부를 결정하는 경우
4. 위험성 감소대책을 수립하여 실행하는 경우
5. 위험성 감소대책 실행 여부를 확인하는 경우

제7조(위험성평가의 방법) ① 사업주는 다음과 같은 방법으로 위험성평가를 실시하여야 한다.

1. 안전보건관리책임자 등 해당 사업장에서 사업의 실시를 총괄 관리하는 사람에게 위험성평가의 실시를 총괄 관리하게 할 것

2. 사업장의 안전관리자, 보건관리자 등이 위험성평가의 실시에 관하여 안전보건관리책임자를 보좌하고 지도·조언하게 할 것

3. 유해·위험요인을 파악하고 그 결과에 따른 개선조치를 시행할 것

4. 기계·기구, 설비 등과 관련된 위험성평가에는 해당 기계·기구, 설비 등에 전문 지식을 갖춘 사람을 참여하게 할 것

5. 안전·보건관리자의 선임의무가 없는 경우에는 제2호에 따른 업무를 수행할 사람을 지정하는 등 그 밖에 위험성평가를 위한 체제를 구축할 것

② 사업주는 제1항에서 정하고 있는 자에 대해 위험성평가를 실시하기 위해 필요한 교육을 실시하여야 한다. 이 경우 위험성평가에 대해 외부에서 교육을 받았거나, 관련학문을 전공하여 관련 지식이 풍부한 경우에는 필요한 부분만 교육을 실시하거나 교육을 생략할 수 있다.

③ 사업주가 위험성평가를 실시하는 경우에는 산업안전·보건 전문가 또는 전문기관의 컨설팅을 받을 수 있다.

④ 사업주가 다음 각 호의 어느 하나에 해당하는 제도를 이행한 경우에는 그 부분에 대하여 이 고시에 따른 위험성평가를 실시한 것으로 본다.

1. 위험성평가 방법을 적용한 안전·보건진단(법 제47조)

2. 공정안전보고서(법 제44조). 다만, 공정안전보고서의 내용 중 공정위험성평가서가 최대 4년 범위 이내에서 정기적으로 작성된 경우에 한한다.

3. 근골격계부담작업 유해요인조사(안전보건규칙 제657조부터 제662조까지)

4. 그 밖에 법과 이 법에 따른 명령에서 정하는 위험성평가 관련 제도

⑤ 사업주는 사업장의 규모와 특성 등을 고려하여 다음 각 호의 위험성평가 방법 중 한 가지 이상을 선정하여 위험성평가를 실시할 수 있다.

1. 위험 가능성과 중대성을 조합한 빈도·강도법

2. 체크리스트(Checklist)법

3. 위험성 수준 3단계(저·중·고) 판단법

4. 핵심요인 기술(One Point Sheet)법

5. 그 외 규칙 제50조제1항제2호 각 목의 방법

제8조(위험성평가의 절차) 사업주는 위험성평가를 다음의 절차에 따라 실시하여야 한다. 다만, 상시근로자 5인 미만 사업장(건설공사의 경우 1억원 미만)의 경우 제1호의 절차를 생략할 수 있다.

1. 사전준비

2. 유해·위험요인 파악

3. 삭제

4. 위험성 결정

5. 위험성 감소대책 수립 및 실행

6. 위험성평가 실시내용 및 결과에 관한 기록 및 보존

제9조(사전준비) ① 사업주는 위험성평가를 효과적으로 실시하기 위하여 최초 위험성평가시 다음 각 호의 사항이 포함된 위험성평가 실시규정을 작성하고, 지속적으로 관리하여야 한다.

1. 평가의 목적 및 방법

2. 평가담당자 및 책임자의 역할

3. 평가시기 및 절차

4. 근로자에 대한 참여·공유방법 및 유의사항

5. 결과의 기록·보존

② 사업주는 위험성평가를 실시하기 전에 다음 각 호의 사항을 확정하여야 한다.

1. 위험성의 수준과 그 수준을 판단하는 기준

2. 허용 가능한 위험성의 수준(이 경우 법에서 정한 기준 이상으로 위험성의 수준을 정하여야 한다)

③ 사업주는 다음 각 호의 사업장 안전보건정보를 사전에 조사하여 위험성평가에 활용할 수 있다.

1. 작업표준, 작업절차 등에 관한 정보
2. 기계·기구, 설비 등의 사양서, 물질안전보건자료(MSDS) 등의 유해·위험요인에 관한 정보
3. 기계·기구, 설비 등의 공정 흐름과 작업 주변의 환경에 관한 정보
4. 법 제63조에 따른 작업을 하는 경우로서 같은 장소에서 사업의 일부 또는 전부를 도급을 주어 행하는 작업이 있는 경우 혼재 작업의 위험성 및 작업 상황 등에 관한 정보
5. 재해사례, 재해통계 등에 관한 정보
6. 작업환경측정결과, 근로자 건강진단결과에 관한 정보
7. 그 밖에 위험성평가에 참고가 되는 자료 등

제10조(유해·위험요인 파악) 사업주는 사업장 내의 제5조의2에 따른 유해·위험요인을 파악하여야 한다. 이때 업종, 규모 등 사업장 실정에 따라 다음 각 호의 방법 중 어느 하나 이상의 방법을 사용하되, 특별한 사정이 없으면 제1호에 의한 방법을 포함하여야 한다.

1. 사업장 순회점검에 의한 방법
2. 근로자들의 상시적 제안에 의한 방법
3. 설문조사·인터뷰 등 청취조사에 의한 방법
4. 물질안전보건자료, 작업환경측정결과, 특수건강진단결과 등 안전보건 자료에 의한 방법
5. 안전보건 체크리스트에 의한 방법
6. 그 밖에 사업장의 특성에 적합한 방법

제11조(위험성 결정) ① 사업주는 제10조에 따라 파악된 유해·위험요인이 근로

자에게 노출되었을 때의 위험성을 제9조제2항제1호에 따른 기준에 의해 판단하여야 한다.

② 사업주는 제1항에 따라 판단한 위험성의 수준이 제9조제2항제2호에 의한 허용 가능한 위험성의 수준인지 결정하여야 한다.

제12조(위험성 감소대책 수립 및 실행) ① 사업주는 제11조제2항에 따라 허용 가능한 위험성이 아니라고 판단한 경우에는 위험성의 수준, 영향을 받는 근로자 수 및 다음 각 호의 순서를 고려하여 위험성 감소를 위한 대책을 수립하여 실행하여야 한다. 이 경우 법령에서 정하는 사항과 그 밖에 근로자의 위험 또는 건강장해를 방지하기 위하여 필요한 조치를 반영하여야 한다.

1. 위험한 작업의 폐지·변경, 유해·위험물질 대체 등의 조치 또는 설계나 계획 단계에서 위험성을 제거 또는 저감하는 조치
2. 연동장치, 환기장치 설치 등의 공학적 대책
3. 사업장 작업절차서 정비 등의 관리적 대책
4. 개인용 보호구의 사용

② 사업주는 위험성 감소대책을 실행한 후 해당 공정 또는 작업의 위험성의 수준이 사전에 자체 설정한 허용 가능한 위험성의 수준인지를 확인하여야 한다.

③ 제2항에 따른 확인 결과, 위험성이 자체 설정한 허용 가능한 위험성 수준으로 내려오지 않는 경우에는 허용 가능한 위험성 수준이 될 때까지 추가의 감소대책을 수립·실행하여야 한다.

④ 사업주는 중대재해, 중대산업사고 또는 심각한 질병이 발생할 우려가 있는 위험성으로서 제1항에 따라 수립한 위험성 감소대책의 실행에 많은 시간이 필요한 경우에는 즉시 잠정적인 조치를 강구하여야 한다.

제13조(위험성평가의 공유) ① 사업주는 위험성평가를 실시한 결과 중 다음 각 호에 해당하는 사항을 근로자에게 게시, 주지 등의 방법으로 알려야 한다.

1. 근로자가 종사하는 작업과 관련된 유해·위험요인
2. 제1호에 따른 유해·위험요인의 위험성 결정 결과
3. 제1호에 따른 유해·위험요인의 위험성 감소대책과 그 실행 계획 및 실행 여부
4. 제3호에 따른 위험성 감소대책에 따라 근로자가 준수하거나 주의하여야 할 사항

② 사업주는 위험성평가 결과 법 제2조제2호의 중대재해로 이어질 수 있는 유해·위험요인에 대해서는 작업 전 안전점검회의(TBM: Tool Box Meeting) 등을 통해 근로자에게 상시적으로 주지시키도록 노력하여야 한다.

제14조(기록 및 보존) ① 규칙 제37조제1항제4호에 따른 "그 밖에 위험성평가의 실시내용을 확인하기 위하여 필요한 사항으로서 고용노동부장관이 정하여 고시하는 사항"이란 다음 각 호에 관한 사항을 말한다.

1. 위험성평가를 위해 사전조사 한 안전보건정보
2. 그 밖에 사업장에서 필요하다고 정한 사항

② 시행규칙 제37조제2항의 기록의 최소 보존기한은 제15조에 따른 실시 시기별 위험성평가를 완료한 날부터 기산한다.

제15조(위험성평가의 실시 시기) ① 사업주는 사업이 성립된 날(사업 개시일을 말하며, 건설업의 경우 실착공일을 말한다)로부터 1개월이 되는 날까지 제5조의2제1항에 따라 위험성평가의 대상이 되는 유해·위험요인에 대한 최초 위험성평가의 실시에 착수하여야 한다. 다만, 1개월 미만의 기간 동안 이루어지는 작업 또는 공사의 경우에는 특별한 사정이 없는 한 작업 또는 공사 개시 후 지체 없이 최초 위험성평가를 실시하여야 한다.

② 사업주는 다음 각 호의 어느 하나에 해당하여 추가적인 유해·위험요인이 생기는 경우에는 해당 유해·위험요인에 대한 수시 위험성평가를 실시하여야 한다. 다만, 제5호에 해당하는 경우에는 재해발생 작업을 대상으로 작업을 재개하

기 전에 실시하여야 한다.

1. 사업장 건설물의 설치·이전·변경 또는 해체
2. 기계·기구, 설비, 원재료 등의 신규 도입 또는 변경
3. 건설물, 기계·기구, 설비 등의 정비 또는 보수(주기적·반복적 작업으로서 이미 위험성평가를 실시한 경우에는 제외)
4. 작업방법 또는 작업절차의 신규 도입 또는 변경
5. 중대산업사고 또는 산업재해(휴업 이상의 요양을 요하는 경우에 한정한다) 발생
6. 그 밖에 사업주가 필요하다고 판단한 경우

③ 사업주는 다음 각 호의 사항을 고려하여 제1항에 따라 실시한 위험성평가의 결과에 대한 적정성을 1년마다 정기적으로 재검토(이때, 해당 기간 내 제2항에 따라 실시한 위험성평가의 결과가 있는 경우 함께 적정성을 재검토하여야 한다)하여야 한다. 재검토 결과 허용 가능한 위험성 수준이 아니라고 검토된 유해·위험요인에 대해서는 제12조에 따라 위험성 감소대책을 수립하여 실행하여야 한다.

1. 기계·기구, 설비 등의 기간 경과에 의한 성능 저하
2. 근로자의 교체 등에 수반하는 안전·보건과 관련되는 지식 또는 경험의 변화
3. 안전·보건과 관련되는 새로운 지식의 습득
4. 현재 수립되어 있는 위험성 감소대책의 유효성 등

④ 사업주가 사업장의 상시적인 위험성평가를 위해 다음 각 호의 사항을 이행하는 경우 제2항과 제3항의 수시평가와 정기평가를 실시한 것으로 본다.

1. 매월 1회 이상 근로자 제안제도 활용, 아차사고 확인, 작업과 관련된 근로자를 포함한 사업장 순회점검 등을 통해 사업장 내 유해·위험요인을 발굴하여 제11조의 위험성결정 및 제12조의 위험성 감소대책 수립·실행을 할 것
2. 매주 안전보건관리책임자, 안전관리자, 보건관리자, 관리감독자 등(도급사

업주의 경우 수급사업장의 안전·보건 관련 관리자 등을 포함한다)을 중심으로 제1호의 결과 등을 논의·공유하고 이행상황을 점검할 것

3. 매 작업일마다 제1호와 제2호의 실시결과에 따라 근로자가 준수하여야 할 사항 및 주의하여야 할 사항을 작업 전 안전점검회의 등을 통해 공유·주지할 것

제3장 위험성평가 인정

제16조(인정의 신청) ① 장관은 소규모 사업장의 위험성평가를 활성화하기 위하여 위험성평가 활동이 일정 수준 이상인 사업장에 대해 인정하는 사업을 운영할 수 있다. 이 경우 인정을 신청할 수 있는 사업장은 다음 각 호와 같다.

1. 상시 근로자 수 100명 미만 사업장(건설공사를 제외한다). 이 경우 법 제63조에 따른 작업의 일부 또는 전부를 도급에 의하여 행하는 사업의 경우는 도급사업주의 사업장(이하 "도급사업장"이라 한다)과 수급사업주의 사업장(이하 "수급사업장"이라 한다) 각각의 근로자수를 이 규정에 의한 상시 근로자 수로 본다.

2. 총 공사금액 120억원(토목공사는 150억원) 미만의 건설공사

② 제2장에 따른 위험성평가를 실시한 사업장으로서 해당 사업장을 제1항의 인정을 받고자 하는 사업주는 별지 제1호서식의 위험성평가 인정신청서를 해당 사업장을 관할하는 공단 광역본부장·지역본부장·지사장에게 제출하여야 한다.

③ 제2항에 따른 인정신청은 위험성평가 인정을 받고자 하는 단위 사업장(또는 건설공사)으로 한다. 다만, 다음 각 호의 어느 하나에 해당하는 사업장은 인정신청을 할 수 없다.

1. 제22조에 따라 인정이 취소된 날부터 1년이 경과하지 아니한 사업장
2. 최근 1년 이내에 제22조제1항 제2호부터 제4호까지의 규정 중 어느 하나에 해당하는 사유가 있는 사업장

④ 법 제63조에 따른 작업의 일부 또는 전부를 도급에 의하여 행하는 사업장의 경우에는 도급사업장의 사업주가 수급사업장을 일괄하여 인정을 신청하여야 한다. 이 경우 인정신청에 포함하는 해당 수급사업장 명단을 신청서에 기재(건설공사를 제외한다)하여야 한다.

⑤ 제4항에도 불구하고 수급사업장이 제19조에 따른 인정을 별도로 받았거나, 법 제17조에 따른 안전관리자 또는 같은 법 제18조에 따른 보건관리자 선임대상인 경우에는 제4항에 따른 인정신청에서 해당 수급사업장을 제외할 수 있다.

제17조(인정심사) ① 공단은 위험성평가 인정신청서를 제출한 사업장에 대해 다음 각 호에서 정하는 항목에 대해 별표의 기준에 따라 인정 여부를 심사(이하 "인정심사"라 한다)하여야 한다.

1. 사업주의 관심도
2. 위험성평가 실행수준
3. 구성원의 참여 및 이해 수준
4. 재해발생 수준

② 공단 광역본부장·지역본부장·지사장은 소속 직원으로 하여금 사업장을 방문하여 제1항의 인정심사(이하 "현장심사"라 한다)를 하도록 하여야 한다. 이 경우 현장심사는 현장심사 전일을 기준으로 최초인정은 최근 1년, 최초인정 후 다시 인정(이하 "재인정"이라 한다)하는 것은 최근 3년 이내에 실시한 위험성평가를 대상으로 한다.

③ 제2항에 따른 현장심사 결과는 제18조에 따른 인정심사위원회에 보고하여야 하며, 인정심사위원회는 현장심사 결과 등으로 인정심사를 하여야 한다.

④ 제16조제4항에 따른 도급사업장의 인정심사는 도급사업장과 인정을 신청한 수급사업장(건설공사의 수급사업장은 제외한다)에 대하여 각각 실시하여야 한다. 이 경우 도급사업장의 인정심사는 사업장 내의 모든 수급사업장을 포함한 사

업장 전체를 종합적으로 실시하여야 한다.

⑤ 인정심사의 운영에 필요한 세부사항은 고용노동부장관의 승인을 거쳐 공단 이사장이 정한다.

제18조(인정심사위원회의 구성·운영) ① 공단은 위험성평가 인정과 관련한 다음 각 호의 사항을 심의·의결하기 위하여 각 광역본부·지역본부·지사에 위험성평가 인정심사위원회를 두어야 한다.

1. 인정 여부의 결정
2. 인정취소 여부의 결정
3. 인정과 관련한 이의신청에 대한 심사 및 결정
4. 심사항목 및 심사기준의 개정 건의
5. 그 밖에 인정 업무와 관련하여 위원장이 회의에 부치는 사항

② 인정심사위원회는 공단 광역본부장·지역본부장·지사장을 위원장으로 하고, 관할 지방고용노동관서 산재예방지도과장(산재예방지도과가 설치되지 않은 관서는 근로개선지도과장)을 당연직 위원으로 하여 5명 이상 10명 이하의 내·외부 위원으로 구성하여야 한다. 이때 외부 위원의 수는 위원장을 제외한 위원 수의 2분의 1 이상으로 한다.

③ 외부위원은 다음 각 호에 해당하는 사람 중에서 위원장이 위촉한다.

1. 노동계·경영계를 대표하는 단체의 산업안전보건 업무 관련자
2. 법에 따른 산업안전지도사 또는 산업보건지도사
3. 「국가기술자격법」에 따른 안전·보건 분야의 기술사
4. 「국가기술자격법」에 따른 안전·보건 분야의 기사 자격 또는 「의료법」 제78조에 따른 산업전문간호사 면허를 취득하고 안전·보건 분야 경력이 10년 이상인 사람
5. 전문대학 이상의 학교에서 안전·보건 분야 관련 학과 조교수 이상인 사람

6. 안전·보건 분야 박사학위 소지자로 안전·보건 분야 실무경력이 5년 이상인 사람
7. 「의료법」 제77조에 따른 직업환경의학과 전문의
8. 그 밖에 위원장이 자격이 있다고 인정하는 사람

④ 그 밖에 인정심사위원회의 운영에 관하여 필요한 사항은 고용노동부장관의 승인을 거쳐 공단 이사장이 정한다.

제19조(위험성평가의 인정) ① 공단은 인정신청 사업장에 대한 현장심사를 완료한 날부터 1개월 이내에 인정심사위원회의 심의·의결을 거쳐 인정 여부를 결정하여야 한다. 이 경우 다음의 기준을 충족하는 경우에만 인정을 결정하여야 한다.
1. 제2장에서 정한 방법, 절차 등에 따라 위험성평가를 수행한 사업장
2. 현장심사 결과 제17조제1항 각 호의 평가점수가 100점 만점에 70점을 미달하는 항목이 없고 종합점수가 100점 만점에 90점 이상인 사업장

② 인정심사위원회는 제1항의 인정 기준을 충족하는 사업장의 경우에도 인정심사위원회를 개최하는 날을 기준으로 최근 1년 이내에 제22조제1항 각 호에 해당하는 사유가 있는 사업장에 대하여는 인정하지 아니한다.

③ 공단은 제1항에 따라 인정을 결정한 사업장에 대해서는 별지 제2호서식의 인정서를 발급하여야 한다. 이 경우 제17조제4항에 따른 인정심사를 한 경우에는 인정심사 기준을 만족하는 도급사업장과 수급사업장에 대해 각각 인정서를 발급하여야 한다.

④ 위험성평가 인정 사업장의 유효기간은 제1항에 따른 인정이 결정된 날부터 3년으로 한다. 다만, 제22조에 따라 인정이 취소된 경우에는 인정취소 사유 발생일 전날까지로 한다.

⑤ 위험성평가 인정을 받은 사업장 중 사업이 법인격을 갖추어 사업장관리번호가 변경되었으나 다음 각 호의 사항을 증명하는 서류를 공단에 제출하여 동일 사

업장임을 인정받을 경우 변경 후 사업장을 위험성평가 인정 사업장으로 한다. 이 경우 인정기간의 만료일은 변경 전 사업장의 인정기간 만료일로 한다.

1. 변경 전·후 사업장의 소재지가 동일할 것
2. 변경 전 사업의 사업주가 변경 후 사업의 대표이사가 되었을 것
3. 변경 전 사업과 변경 후 사업간 시설·인력·자금 등에 대한 권리·의무의 전부를 포괄적으로 양도·양수하였을 것

제20조(재인정) ① 사업주는 제19조제4항 본문에 따른 인정 유효기간이 만료되어 재인정을 받으려는 경우에는 제16조제2항에 따른 인정신청서를 제출하여야 한다. 이 경우 인정신청서 제출은 유효기간 만료일 3개월 전부터 할 수 있다.

② 제1항에 따른 재인정을 신청한 사업장에 대한 심사 등은 제16조부터 제19조까지의 규정에 따라 처리한다.

③ 재인정 사업장의 인정 유효기간은 제19조제4항에 따른다. 이 경우, 재인정 사업장의 인정 유효기간은 이전 위험성평가 인정 유효기간의 만료일 다음날부터 새로 계산한다.

제21조(인정사업장 사후점검) ① 공단은 제19조제3항 및 제20조에 따라 인정을 받은 사업장이 위험성평가를 효과적으로 유지하고 있는지 확인하기 위하여 인정기간 중 1회 이상 사후점검을 할 수 있다. 다만, 사후점검일 기준 잔여공사기간이 3개월 미만인 건설공사는 제외할 수 있다.

② 사후점검은 직전 현장심사를 받은 이후에 사업장에서 실시한 위험성평가에 대해 현장점검을 하는 것으로 하며, 해당 사업장이 제19조에 따른 인정 기준을 유지하는지 여부 및 수립한 위험성 감소대책을 충실히 이행하고 있는지 여부를 확인하여야 한다.

제22조(인정의 취소) ① 위험성평가 인정사업장에서 인정 유효기간 중에 다음 각 호의 어느 하나에 해당하는 사업장은 인정을 취소하여야 한다.

1. 거짓 또는 부정한 방법으로 인정을 받은 사업장
2. 인정기간 중 다음 각 목의 어느 하나에 해당하는 중대재해가 발생한 사업장. 다만, 법 제5조에 따른 사업주의 의무와 직접적으로 관련이 없는 재해로서「고용보험 및 산업재해보상보험의 보험료징수 등에 관한 법률 시행령」제18조의5제1항에서 정하는 사유는 제외한다.

    가. 사망자가 1명 이상 발생한 재해

    나. 3개월 이상의 요양이 필요한 부상자가 동시에 2명 이상 발생한 재해

    다. 부상자 또는 직업성 질병자가 동시에 10명 이상 발생한 재해

3. 근로자의 부상(3일 이상의 휴업)을 동반한 중대산업사고 발생사업장
4. 법 제10조에 따른 산업재해 발생건수, 재해율 또는 그 순위 등이 공표된 사업장(영 제10조제1항제1호 및 제5호에 한정한다)
5. 제21조에 따른 사후점검을 거부하거나 점검 결과 다음 각 목의 어느 하나의 사유가 확인된 사업장

    가. 제19조에 따른 인정기준을 충족하지 못한 경우

    나. 현장심사 또는 사후점검에서 개선하도록 지적된 사항을 이행하지 않아 조치 기간을 부여하였음에도 이행하지 않은 것이 확인된 경우

6. 사업주가 자진하여 인정 취소를 요청한 사업장
7. 그 밖에 인정취소가 필요하다고 공단 광역본부장·지역본부장 또는 지사장이 인정한 사업장

② 공단은 제1항에 해당하는 사업장에 대해서는 인정심사위원회에 상정하여 인정취소 여부를 결정하여야 한다. 이 경우 해당 사업장에는 소명의 기회를 부여하여야 한다.

③ 제2항에 따라 인정심사위원회가 인정취소를 결정한 경우 인정취소일은 제1항에 따른 인정취소 사유가 발생한 날로 한다.

제23조(위험성평가 지원사업) ① 장관은 사업장의 위험성평가를 지원하기 위하여 공단 이사장으로 하여금 다음 각 호의 위험성평가 사업을 추진하게 할 수 있다.

1. 추진기법 및 모델, 기술자료 등의 개발·보급
2. 우수 사업장 발굴 및 홍보
3. 사업장 관계자에 대한 교육
4. 사업장 컨설팅
5. 전문가 양성
6. 지원시스템 구축·운영
7. 인정사업의 운영
8. 그 밖에 위험성평가 추진에 관한 사항

② 공단 이사장은 제1항에 따른 사업을 추진하는 경우 고용노동부와 협의하여 추진하고 추진결과 및 성과를 분석하여 매년 1회 이상 장관에게 보고하여야 한다.

제24조(위험성평가 교육지원) ① 공단은 제23조제1항에 따라 사업장의 위험성평가를 지원하기 위하여 다음 각 호의 교육과정을 개설하여 운영할 수 있다.

1. 사업주 교육
2. 평가담당자 교육
3. 실무 역량 지원 교육

② 공단은 제1항에 따른 교육과정을 광역본부·지역본부·지사 또는 산업안전보건교육원(이하 "교육원"이라 한다)에 개설하여 운영하여야 한다.

③ 제1항제2호 및 제3호에 따른 교육을 수료한 근로자에 대해서는 해당 시기에 사업주가 실시해야 하는 관리감독자 교육을 수료한 시간만큼 실시한 것으로 본다.

제25조(위험성평가 컨설팅지원) ① 공단은 근로자 수 50명 미만 소규모 사업장(건설업의 경우 전년도에 공시한 시공능력 평가액 순위가 200위 초과인 종합건설업체 본사 또는 총 공사금액 120억원(토목공사는 150억원)미만인 건설공사를

말한다)의 사업주로부터 제5조제3항에 따른 컨설팅지원을 요청 받은 경우에 위험성평가 실시에 대한 컨설팅지원을 할 수 있다.

② 제1항에 따른 공단의 컨설팅지원을 받으려는 사업주는 사업장 관할의 공단 광역본부장·지역본부장·지사장에게 지원 신청을 하여야 한다.

③ 제2항에도 불구하고 공단 광역본부장·지역본부·지사장은 재해예방을 위하여 필요하다고 판단되는 사업장을 직접 선정하여 컨설팅을 지원할 수 있다.

제26조(지원 신청 등) ① 제24조에 따른 교육지원 신청은 별지 제3호서식에 따르며 제25조에 따른 컨설팅지원 신청은 별지 제4호서식에 따른다. 다만, 제24조제1항제3호에 따른 교육의 신청 및 비용 등은 교육원이 정하는 바에 따른다.

② 제24조제1항에 따라 사업주 교육 및 평가담당자 교육을 실시하는 기관의 장은 교육 이수자에 대하여 별지 제5호서식 또는 별지 제6호서식에 따른 교육 확인서를 발급하여야 한다.

③ 공단은 예산이 허용하는 범위에서 사업장이 제24조에 따른 교육지원과 제25조에 따른 컨설팅지원을 민간기관에 위탁하고 그 비용을 지급할 수 있으며, 이에 필요한 지원 대상, 비용지급 방법 및 기관 관리 등 세부적인 사항은 공단 이사장이 정할 수 있다.

④ 공단은 사업주가 위험성평가 감소대책의 실행을 위하여 해당 시설 및 기기 등에 대하여 「산업재해예방시설자금 융자금 지원사업 및 보조금 지급사업 업무 처리규칙」에 따라 보조금 또는 융자금을 신청한 경우에는 우선하여 지원할 수 있다.

⑤ 공단은 제19조에 따른 위험성평가 인정 또는 제20조에 따른 재인정, 제22조에 따른 인정 취소를 결정한 경우에는 결정일부터 3일 이내에 인정일 또는 재인정일, 인정취소일 및 사업장명, 소재지, 업종, 근로자 수, 인정 유효기간 등의 현황을 지방고용노동관서 산재예방지도과(산재예방지도과가 설치되지 않은 관서는 근로개선지도과)로 보고하여야 한다. 다만, 위험성평가 지원시스템 또는 그 밖의

방법으로 지방고용노동관서에서 인정사업장 현황을 실시간으로 파악할 수 있는 경우에는 그러하지 아니한다.

제27조(인정사업장 등에 대한 혜택) ① 장관은 위험성평가 인정사업장에 대하여는 제19조 및 제20조에 따른 인정 유효기간 동안 사업장 안전보건 감독을 유예할 수 있다.

② 제1항에 따라 유예하는 안전보건 감독은 「근로감독관 집무규정(산업안전보건)」제10조제1항에 따른 사업장 안전보건감독 종합계획에서 정한 감독·점검 중 장관이 별도로 지정한 감독·점검으로 한정한다.

③ 장관은 위험성평가를 실시하였거나, 위험성평가를 실시하고 인정을 받은 사업장에 대해서는 정부 포상 또는 표창의 우선 추천 및 그 밖의 혜택을 부여할 수 있다.

제28조(재검토기한) 고용노동부장관은 이 고시에 대하여 2025년 1월 1일 기준으로 매 3년이 되는 시점(매 3년째의 12월 31일까지를 말한다)마다 그 타당성을 검토하여 개선 등의 조치를 하여야 한다.

부칙 〈제2024-76호, 2024. 12. 18.〉

제1조(시행일) 이 고시는 2025년 1월 2일부터 시행한다.

제2조(위험성평가의 인정 및 사후점검에 관한 적용례) ① 제19조제1항의 개정규정은 이 고시 시행 후 인정을 신청한 사업장부터 적용한다.

② 제21조제1항의 개정규정은 이 고시 시행 후 인정을 받은 사업장부터 적용한다.

제3조(인정사업장 사후점검에 관한 경과조치) 이 고시 시행 전 인정을 받은 사업장에 대해 제21조에 따른 사후점검을 할 때에는 제19조제1항의 개정규정에도 불구하고 종전의 규정에 따른다.

중대재해처벌법
쉽게 이해하기

ⓒ 김형근, 2025

초판 1쇄 발행 2025년 4월 25일

지은이 김형근
감수 김일태(전남대 석좌교수)
펴낸이 이기봉
편집 좋은땅 편집팀
펴낸곳 도서출판 좋은땅
주소 서울특별시 마포구 양화로12길 26 지월드빌딩 (서교동 395-7)
전화 02)374-8616~7
팩스 02)374-8614
이메일 gworldbook@naver.com
홈페이지 www.g-world.co.kr

ISBN 979-11-388-4220-4 (03360)

- 가격은 뒤표지에 있습니다.
- 이 책은 저작권법에 의하여 보호를 받는 저작물이므로 무단 전재와 복제를 금합니다.
- 파본은 구입하신 서점에서 교환해 드립니다.